Zu diesem Buch  Auch in der Physik ist Schönheit eine Größe. Als schön gilt ein Experiment, das Denken und Verhalten ändert, die Physik anschaulich und nachvollziehbar macht oder mit seinem Versuchsaufbau möglichst effizient zum Ergebnis führt. In einer Umfrage der englischen physikalischen Gesellschaft «Physics World» nach dem schönsten physikalischen Experiment aller Zeiten wurde der Versuch des Tübinger Physikers Claus Jönsson zur Interferenz von Elektronen am Doppelspalt auf den ersten Platz gewählt. Damit befindet sich Jönsson in bester Gesellschaft mit den klassisch schönen Experimenten wie dem des Freien Falls von Galileo Galilei, der Spektralzerlegung des Sonnenlichts durch Isaac Newton oder Ernest Rutherfords Entdeckung des Atomkerns. Ein Buch für alle, die sich von der Physik verführen lassen möchten.

Amand Fäßler / Claus Jönsson (Hg.)

# Die Top Ten der schönsten physikalischen Experimente

Rowohlt Taschenbuch Verlag

rororo science
Lektorat Ludwig Moos

Originalausgabe
Veröffentlicht im
Rowohlt Taschenbuch Verlag,
Reinbek bei Hamburg, März 2005
Copyright © 2005 by
Rowohlt Verlag GmbH,
Reinbek bei Hamburg
Fachliche Beratung der Reihe Eva Ruhnau,
Humanwissenschaftliches Zentrum,
Ludwig-Maximilians-Universität, München
Umschlaggestaltung any.way, Barbara Hanke
(Fotos Mauritius/Bildagentur Schuster)
Satz DIN und Dolly PostScript
Gesamtherstellung Clausen & Bosse, Leck
Printed in Germany
ISBN 3 499 61628 9

# Inhalt

# VORWORT

Geht man heute durch die Altstadt von Tübingen, dann empfindet man sie wahrscheinlich als schön. Goethe, der wie Schiller seine Schriften von Johann Friedrich Cotta in Tübingen verlegen ließ, schreibt am 7. September 1797 über die Stadt:

> «Der Abhang gegen Abend, nach der Ammer zu, so wie der untere flache Teil der Stadt wird von Gärtnern und Feldleuten bewohnt, und ist äußerst schlecht und bloß notdürftig gebaut, und die Straßen sind von dem vielen Mist äußerst unsauber.»

Schönheit scheint etwas sehr Subjektives zu sein. Sie liegt im Auge des Betrachters. Dies gilt sicher auch für die «schönsten physikalischen Experimente aller Zeiten» und allgemein für «schöne» Naturgesetze.

Bei einem Spaziergang an einem sonnigen Frühlingstag empfindet man Bäume, Gras, Blumen, Tiere und Wolken als «schön», ja sogar ursprünglich und «einfach». Ein Physiker, der den musischen Teil seiner Empfindungen abschaltet, sieht in der Natur sehr komplizierte Erscheinungen, die er auf wenige, einfache und «schöne» Naturgesetze reduzieren möchte.

Der Erfolg der abendländischen Naturwissenschaften und vor allem der Physik begann mit den Griechen. Es war Pythagoras im sechsten Jahrhundert vor Christus, der mit seiner Schule beim Verständnis der Natur auf die Mathematik setzte. Obwohl zur gleichen Zeit die Kulturen in Indien (Buddha) und China (Konfuzius) wahrscheinlich höher entwickelt waren, hat dort die Naturwissenschaft nicht den Durchbruch zur modernen Industriegesellschaft und zu einem hohen Lebensstandard erzielt wie in Europa. Die entscheidende Weichenstellung wurde schon von Pythagoras vorgenommen, indem er das Bemühen um das Verständnis der Natur auf den mathematischen Weg brachte.

Die Physik verlangt heute, dass die Erscheinungen der Natur sich auf wenige (vielleicht sogar nur auf eines) mathematisch elegant und damit «schön» formulierte Naturgesetze reduzieren lassen.

Naturgesetze müssen gewisse Symmetrien erfüllen: Es gibt im Universum keinen bevorzugten Ort oder eine bevorzugte Richtung. Daher dürfen Naturgesetze sich bei Translation und Rotation nicht ändern. Man erwartete auch, dass Naturgesetze gegen Spiegelung invariant sind. Seit Mitte der fünfziger Jahre des vorigen Jahrhunderts wissen wir, dass die Schwache Kraft, die für den Betazerfall im Kern, und damit auch für die Radioaktivität nach dem Reaktorunfall in Tschernobyl verantwortlich ist, sehr wohl zwischen einem rechten und einem linken (gespiegelter rechter) Handschuh unterscheiden kann. Fordert man, dass die Wirkung nicht vor der Ursache auftreten darf (Kausalität) und dass es keine Fernwirkungen gibt, folgt hieraus, dass in einer Welt aus Antimaterie, die gespiegelt wurde und deren Zeit rückwärts verläuft, die gleichen Naturgesetze gelten. Ähnliche Symmetrien, die bei sehr hohen Energien exakt sind, aber zum Teil bei niedrigeren Energien gebrochen werden, erlauben es, die Naturgesetze «schön» und einfach zu formulieren.

Die «zehn schönsten Physikexperimente aller Zeiten» müssen nicht direkt zu den eleganten Formulierungen der Naturgesetze führen. Auch hier «liegt die Schönheit im Auge des Betrachters». Im September 2002 hat die englische Zeitschrift *Physics World* (Verbandszeitschrift der Physikalischen Gesellschaft «Institute of Physics» von Großbritannien) das Ergebnis einer Umfrage nach den zehn «schönsten» physikalischen Experimenten veröffentlicht. Das Resultat in der Reihenfolge dieser Umfrage:

1. Das Doppelspaltexperiment mit Elektronen (Claus Jönsson 1959; Tübingen)
2. Galileos Experiment der fallenden Körper (Galileo Galilei um 1600; Padua)
3. Millikans Öltröpfchenexperiment zur Bestimmung der Elementarladung (Robert Andrews Millikan um 1910; Pasadena)
4. Newtons Zerlegung des Sonnenlichts in die Spektralfarben des Regenbogens mit einem Prisma (Isaac Newton um 1666; Cambridge und London)
5. Youngs Interferenzexperiment mit Licht (Thomas Young um 1800; London)
6. Cavendishs Torsionsbalkenexperiment (zur Messung der Masse der Erde oder der Gravitationskonstanten) (Henry Cavendish um 1797; London)
7. Eratosthenes' Messung des Erdumfangs (Eratosthenes um 220 vor Christus; Alexandria)
8. Galileos Experiment mit den rollenden Kugeln auf schiefer Ebene (Galileo Galilei um 1600; Padua)
9. Rutherfords Entdeckung des Kerns mit dem Geiger-Marsden-Experiment (Ernest Rutherford 1911; Manchester)
10. Foucaults Pendel und die Rotation der Erde (Léon Foucault 1851; Paris)

Diese Auswahl und Reihenfolge spiegelt sicherlich zu einem Teil die Vorlieben der Physiker aus dem «United Kingdom» wider. Doch die meisten dieser Experimente würden auch in einer internationalen Liste der «Top Ten» stehen. Wir halten uns in diesem Buch an das Ergebnis von *Physics World*, stellen die Experimente allerdings in chronologischer Reihenfolge vor.

Die beiden Galilei-Experimente untersuchen das gleiche Phänomen, die Fallgesetze. Sie werden daher im Artikel von Prof. Dr. Gerd Grasshoff, Universität Bern, zusammen beschrieben.

Das Doppelspaltexperiment mit Elektronen von Prof. Dr. Claus Jönsson, Universität Tübingen, das auf den ersten Platz gewählt wurde, zeigt in ganz überzeugender Weise den gleichzeitigen Wellen- und Teilchencharakter der Elektronen. Verfolgt man hinter dem Doppelspalt die Ankunft der Elektronen auf einem Fernsehschirm, so sieht man bei geringer Intensität des Elektronenstroms jedes einzelne Elektron aufleuchten. Nach einer Weile bildet sich jedoch die gleiche Intensitätsverteilung hinter dem Doppelspalt wie bei Lichtwellen. Es ist eine der «schönsten» Bestätigungen der Quantenmechanik.

Claus Jönsson beschreibt selbst sein Experiment. Er ist der einzige noch lebende Experimentator von allen «Top Ten der schönsten physikalischen Experimente».

Ein Experiment wird als schön empfunden, wenn es relativ leicht verständlich ist und ohne zu großen Aufwand erlaubt, ein elementares Naturgesetz zu verifizieren oder zu entdecken bzw. eine wichtige Größe zu messen. Experimente, die hier aufgeführt sind, erfüllen diese Kriterien.

*Tübingen, im Herbst 2004*
Amand Fäßler

# ERATOSTHENES' MESSUNG DES ERDUMFANGS

Amand Fäßler

Der Grieche Eratosthenes hat als Erster etwa 220 vor Christus den Erdumfang bestimmt. Er gab ihn mit 250000 Stadien an. Dies entspricht einem Wert zwischen 36000 und 46000 km, je nachdem, welches Maß man für die Stadien annimmt. Dieser Wert ist überraschend genau, und wir werden seine Methoden unten diskutieren. Von den Physikern in Großbritannien wurde diese Messung auf den siebten Platz beim Wettbewerb um das schönste Experiment gewählt.

Obwohl die Messung sehr einfach ist, setzt sie doch voraus, dass man annimmt, die Erde sei eine Kugel und der Abstand zur Sonne sei groß gegenüber dem Erddurchmesser. Die Messung ist unter diesen Annahmen so einfach, dass sie jeder durchführen kann, der einen Partner etwa 1000 km südlich oder nördlich findet. Die Messung ist ideal für den Physikunterricht. Eine Klasse sucht sich per E-Mail einen Partner z. B. in Palermo oder Catania, um den Erdumfang zu bestimmen. Am Ende dieses Kapitels wird das einfache Verfahren beschrieben.

Eratosthenes wurde in Nordafrika, in Kyrene (heute in Libyen), wahrscheinlich als Sohn des Aglaros in nicht sehr reichen Verhältnissen geboren. Sein Geburtsdatum wird in der 126. Olympiade, das heißt in den Jahren 276 bis 273 vor Christus, angegeben. Er starb im hohen Alter von 80 oder 82 Jahren in Alexandria. Seine Ausbildung erhielt er in Kyrene und Athen. Er war Schüler des Philosophen Ariston von Kios, des Grammatikers Lysanias und des Dichters Kallimachos. Die beiden Letzteren stammen auch aus Kyrene. Kallimachos wurde neben seinen Gedichten dadurch bekannt, dass er den Katalog der Bibliothek in Alexandria zusammenstellte und sie von 260 bis 240 vor Christus leitete. Eratosthenes war ein Universalgelehrter. Er hat Werke verfasst über Philosophie, über Dichtkunst, über Mathematik und über Geographie. Wegen seiner Vielseitigkeit wurde er auch «Fünfkämpfer» genannt. Er hatte Spitznamen wie «Neuer Plato», «Zweiter Plato» und «Beta». Manche interpretieren den Spitznamen «Beta» dahin, dass er es nur geschafft hat in allen Gebieten der Zweitbeste und nicht der Beste zu sein («Alpha»). Andere beziehen «Beta» auf «Zweiter Plato».

Durch Alexander und seine Generäle wurde Griechisch die Bildungs- und Verwaltungssprache im ganzen östlichen Mittelmeerraum.

Das Zentrum der Wissenschaft hatte sich schon in der Jugend des Eratosthenes zum großen Teil von Athen nach Alexandria verlagert, wo unter den Ptolemäern die größte Bibliothek der Welt existierte. Unter Ptolemaios II. Philadelphos war Apollonios von Rhodos für fünf Jahre (240 bis 235 vor Christus) Leiter der Bibliothek in Alexandria. Als Ptolemaios III. Euergetes die Nachfolge übernahm, hatte Apollonios wohl mit ihm Schwierigkeiten und ging daher nach Rhodos. Ptolemaios III. berief als Leiter der Bibliothek Eratosthenes nach Alexandria. In Alexandria hat er den Sohn des Ptolemaios III., den späteren Ptolemaios IV. Philopator, unterrichtet. Da Ptolemaios IV. um 244 vor Christus geboren wurde, muss dies etwa um 235 vor Christus gewesen sein. Eratosthenes war daher zu diesem Zeitpunkt etwa 40 Jahre alt. Es könnte auch sein, dass Eratosthenes zuerst zum Erzieher von Philopator nach Alexandria berufen wurde und danach die Leitung der Bibliothek übernahm. Wir haben Berichte, dass Eratosthenes erst während der Regierungszeit des Ptolemaios V. (204 bis 180 vor Christus) im Alter von etwa 80 Jahren, ungefähr 194 vor Christus, starb. Eine Angabe besagt, dass er Selbstmord beging, indem er nichts mehr aß, weil er erblindete. Dionysios von Kyzikos schreibt jedoch in einem Epigramm über Eratosthenes: «Ganz mildes Greisenalter löschte dich aus, nicht schwächende Krankheit; entschlafen liegst du da, Eratosthenes, nachdem du Hohes bedacht hast.» (Übersetzung von Klaus Geus).

Eratosthenes war auch Zeitgenosse von Archimedes (etwa von 287 bis 212 vor Christus), einem der größten Mathematiker und Physiker des Altertums. Archimedes wurde bei der Eroberung von Syrakus im zweiten Punischen Krieg durch einen Soldaten des römischen Generals Marcellus 212 vor Christus getötet. Archimedes und Eratosthenes hatten wohl Kontakt miteinander. Archimedes schreibt über Eratosthenes: «Er ist ein vortrefflicher Gelehrter, der in der Philosophie eine bemerkenswerte Spitzenstellung einnimmt und in den mathematischen Wissenschaften, wenn sich der Fall ergibt, die Theorie zu schätzen weiß.» (Übersetzung nach Klaus Geus).

Die Messung des Erdumfangs hat Eratosthenes als Leiter der Bibliothek in Alexandria durchgeführt. Die Methode war in seiner verlorenen Schrift «Über die Messung der Erde» beschrieben. Während der römischen Kaiserzeit erklärt der Astronom Kleomedes sehr ausführlich das Verfahren:

Eratosthenes ging davon aus, dass Alexandria und Assuan (Syene) auf demselben Meridian liegen. Heute wissen wir, dass sich die Großkreise durch Alexandria und den Nordpol und durch Syene und den Nordpol um drei Grad unterscheiden. Dies ändert aber nichts an der großen Genauigkeit des Verfahrens. Weiterhin benötigt man den Abstand zwischen Alexandria und Syene. Nach Eratosthenes beträgt dieser Abstand 5000 Stadien. Folkloristisch wird oft gesagt, dass Eratosthenes wusste, wie viele Tage eine Kamelkarawane von Alexandria bis Syene benötigte und er daraus die Entfernung abschätzte. Er hatte aber sicher bessere Informationen. Die Ptolemäer hatten Landvermesser, die nach jeder Nil-Überschwemmung aktiv werden mussten und die auch große Entfernungen genau vermessen konnten. Wesentlich bei dem Verfahren war nun, in Assuan (Syene) und Alexandria gleichzeitig bei der höchsten Position der Sonne den Winkel der Sonne relativ zur Senkrechten zu vermessen. Hierbei wird oft erwähnt, dass beim höchsten Stand der Sonne am längsten Tag im Sommer die Sonne in Syene sich in einem tiefen Brunnen spiegelte, sodass man sicher war, dass sie senkrecht über Assuan (Syene) stand. Kleomedes berichtet jedoch, dass es sowohl in Alexandria als auch in Syene eine

Abbildung 1 / Die Sonne steht am Mittag in Syene im Zenit (senkrecht über der Erde). Zur gleichen Zeit liest man am Schatten einer Sonnenuhr in Alexandria einen Winkel von 7 Grad und 12 Bogenminuten der Sonne relativ zur Senkrechten ab. Dies waren etwa $1/50$ von 360 Grad. Der Umfang der Erde ist daher Abstand (Alexandria – Syene) $\cdot$ 50 = 5000 Stadien $\cdot$ 50 = 250000 Stadien (zwischen 37000 und 46000 km; heutiger Wert etwa 40000 km).

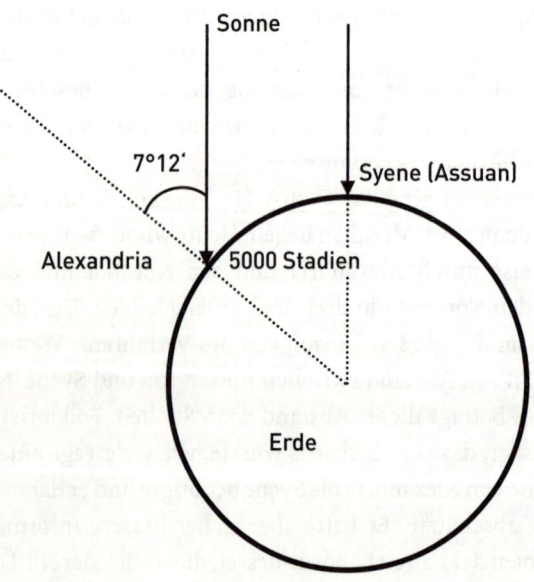

große Sonnenuhr gab, die aus einem größeren Zeiger bestand, der senkrecht in der Mitte einer Halbkugel stand, wobei die Halbkugel wohl horizontale als auch vertikale Einteilungen hatte.

Man wartete nun das Datum ab, bei dem der Zeiger der Sonnenuhr in Syene im Sommer bei der höchsten Position der Sonne am Mittag keinen Schatten warf. Das heißt, die Sonne stand senkrecht über Syene. Bei der Sonnenuhr in Alexandria las man beim höchsten Stand der Sonne die Länge des Schattens ab und bestimmte aus der Länge des Zeigers und der Länge des Schattens den Winkel, unter dem die Sonne relativ zum Zenit (senkrecht über der Erde) zu sehen war. Der Winkel betrug $\frac{1}{50}$ des Vollkreises (360 Grad), also 7 Grad und 12 Bogenminuten. $\frac{1}{50}$ des Vollkreises entspricht daher den 5000 Stadien zwischen Alexandria und Syene. Multipliziert man 5000 mit 50, dann erhält man mit 250000 Stadien den Erdumfang. Das Verfahren wird in Abbildung 1 erläutert.

In die Bestimmung des Erdumfangs gehen mehrere Annahmen ein: Erstens, die Erde ist eine Kugel. Zweitens, die Entfernung der Sonne ist groß gegen den Abstand zwischen Alexandria und Syene, sodass die Sonnenstrahlen in Alexandria und Syene als parallel angesehen werden können. Drittens, Alexandria und Syene liegen auf dem gleichen Längenkreis (Meridian). Dies ist nur näherungsweise der Fall. Die Abweichung beträgt drei Bogengrade.

Der Astronom Kleomedes beschreibt im ersten oder zweiten Jahrhundert nach Christus in seinem Werk «Theorie über die Kreisbewegung der Gestirne» die Vorgehensweise des Eratosthenes sehr genau, wenn auch etwas umständlich (zitiert nach K. Geus; für historisch weniger Interessierte wird empfohlen, dieses Zitat zu überspringen). Hier das verkürzte Zitat aus der Schrift des Kleomedes:

> «*Gehen wir erstens und im folgenden davon aus, daß Syene und Alexandria auf demselben Meridian liegen, zweitens, daß die*

*Entfernung zwischen diesen Städten 5000 Stadien beträgt, und drittens, daß die Strahlen, die von verschiedenen Teilen der Sonne auf verschiedene Teile der Erde treffen, parallel sind. . . .*

*Eratosthenes sagt – und so verhält es sich auch –, daß Syene auf dem sommerlichen Wendekreis liegt. Sobald also die Sonne im Krebs steht, ihre Sommerwende macht und genau auf den Meridian trifft, werfen die Zeiger der Sonnenuhr in Syene (Assuan) notwendigerweise keinen Schatten mehr, da die Sonne exakt lotrecht darüber steht. Es gibt eine Angabe, daß sich dies in einem Umkreis von 300 Stadien so verhält. In Alexandria aber werfen zur gleichen Zeit die Zeiger der Sonnenuhr Schatten, weil diese Stadt nördlicher als Syene liegt. . . .*

*Man mißt nun, daß der Kreisbogen (des Schattens) in der Sonnenuhr in Alexandria der fünfzigste Teil des Vollkreises ist. Notwendigerweise muß also auch die Entfernung von Syene nach Alexandria der fünfzigste Teil des Erdumfangs sein. Und diese Entfernung beträgt 5000 Stadien. Der gesamte Kreis, und daher der Erdumfang, mißt also 250 000 Stadien. Dies ist die Vorgehensweise des Eratosthenes.»*

Wir wissen heute, dass der Umfang der Erde etwa 40 000 km beträgt. Um aus den 250 000 Stadien einen Wert in km zu erhalten, benötigt man die Länge einer Stadie. Sie ist durch die Länge einer antiken Kampfbahn (Stadion) definiert. Diese waren an verschiedenen Orten verschieden lang. Die Einheit variiert daher zwischen 148 und 180 m. Das heißt, das Resultat des Eratosthenes variiert je nach der benutzten Stadie zwischen 37 000 und 45 000 km. Dies ist eine sehr gute Übereinstimmung mit dem modernen Wert des Erdumfangs von etwa 40 000 km.

Die Leistung des Eratosthenes lässt sich vielleicht ermessen, wenn man sie mit chinesischen Überlegungen vergleicht: Die chinesischen Astronomen haben ebenfalls realisiert, dass die Schatten zur gleichen Zeit im Süden kürzer sind als im Norden. Da sie annahmen, dass die Erde eben ist, erklärten sie dies mit dem endlichen Abstand des Himmels von der Erde. Unter dieser falschen Annahme lässt sich mit den Messungen von Eratosthenes der Abstand Erde – Sonne berechnen:

$a_{ES}$ = 5000 / TAN (7,2 Grad) = 39 579 Stadien (TAN = Tangens).

Dies würde einem Wert für den Abstand Erde–Sonne zwischen 5850 und 7120 km entsprechen. Dieser Wert ist viel zu klein. Der Tabelle lässt sich entnehmen, dass die Griechen diesen Abstand Erde–Sonne zwischen 51 und 6550 Erddurchmessern berechneten (649 230 km bis 83,4 Millionen km). Da der wirkliche Wert für $a_{ES}$ etwa 11 700 Erddurchmesser beträgt, ist dies zwar größer als der «chinesische» Wert, aber auch noch erheblich zu klein.

Nach antiken Zeugnissen enthielt die Schrift des Eratosthenes «Über die Messung der Erde» auch Angaben über den Durchmesser des Mondes, der Sonne und die Abstände Erde – Mond und Erde – Sonne. Es wird jedoch nirgends beschrieben, wie Eratosthenes diese Werte bestimmt hat. Man nimmt jedoch allgemein an, dass er die Methode des Aristarch übernommen hat.

Abbildung 2 zeigt, wie bei einer Mondfinsternis durch den Durchgang des Mondes durch den Erdschatten das Verhältnis des Monddurchmessers zum Erddurchmesser bestimmt werden kann. Wenn man nun den Winkel $\alpha_M$ bestimmt, unter dem man den Mond von der Erde sieht (heute: 32 Bogenminuten), lässt sich der Abstand Erde – Mond in Einheiten des Erddurchmessers angeben:

$a_{EM}$ = $d_M$ / $\alpha_M$ ($\alpha_M$ in Einheiten Arcus: 360 Grad = 2 $*$ $\pi$ Arcus)

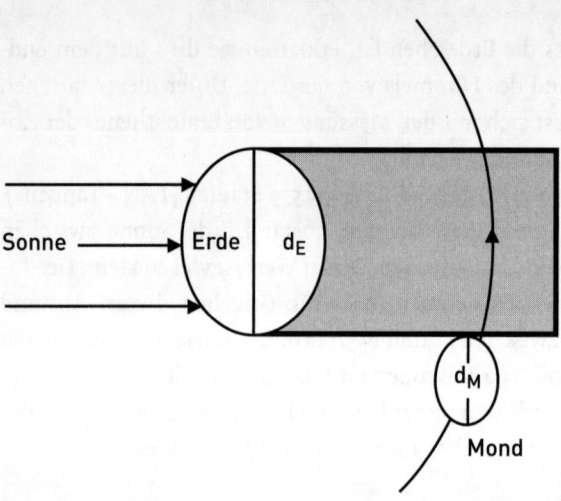

Abbildung 2 / Bei Mondfinsternis lässt sich durch Messung von Zeiten das Verhältnis des Monddurchmessers $d_M$ zum Erddurchmesser $d_E$ bestimmen. Das Verhältnis ist gegeben durch die Zeit, die der Mond braucht, um vom Sonnenlicht in den Erdschatten zu laufen, und die Zeit, die der Mond im Erdschatten verbringt. Hierdurch erhält man $d_M/d_E$. Dieser Wert ist $d_M/d_E = 0{,}27$. Die Werte der Antike finden sich in der Tabelle.

| | $d_M/d_E$ | $d_S/d_E$ | $a_{EM}/d_E$ | $a_{ES}/d_E$ | $d_E$ [km] |
|---|---|---|---|---|---|
| Heute | 0,27 | 109 | 30 | 11700 | 12730 |
| Aristarch | 0,36 | 7 | 9,5 | 180 | |
| Archimedes | | | 58 | 580 | |
| Eratosthenes | | 27 | 10 | 51 | 11780/14640 |
| Hipparchos | 0,33 | 12 | 34 | 1245 | |
| Poseidonios | 0,157 | 39 | 26,5 | 6550 | |
| Ptolemaios | 0,28 | 5,5 | 29,5 | 605 | |

Tabelle / Durchmesser des Mondes $d_M$ und der Sonne $d_S$ in Einheiten des Durchmessers der Erde $d_E$ und die Abstände Erde – Mond $a_{EM}$ und der Erde – Sonne $a_{EM}$ in Einheiten des Durchmessers der Erde. Die erste Zeile gibt den heutigen Wert und die letzte Spalte den Durchmesser der Erde in Kilometern an. Der Wert des Eratosthenes von 250 000 Stadien für den Erdumfang wurde mit der Unsicherheit der benutzten Stadien auf den Erddurchmesser umgerechnet. (Quellen: K. Simonyi, K. Geus und D. Lelgemann)

Abbildung 3 / Der Öffnungswinkel $\alpha_M$ und $\alpha_S$, unter dem wir den Mond und die Sonne sehen, beträgt 32 Bogenminuten. Aristarchos nahm den vierfachen Wert 2 Grad an. Der Winkel zwischen Mond und Sonne bei Halbmond $\alpha_{MS}$ = 89 Grad und 52 Bogenminuten wurde von Aristarch zu 87 Grad angenommen. Die Abweichung vom Rechtenwinkel (90 Grad) beträgt daher nur 8 Bogenminuten und nicht 3 Grad. Die angenommenen 87 Winkelgrade und der um den Faktor 4 zu große Sichtwinkel der Sonne und des Mondes, von der Erde aus gesehen, führen zu dem viel zu kleinen Abstand Erde – Sonne.

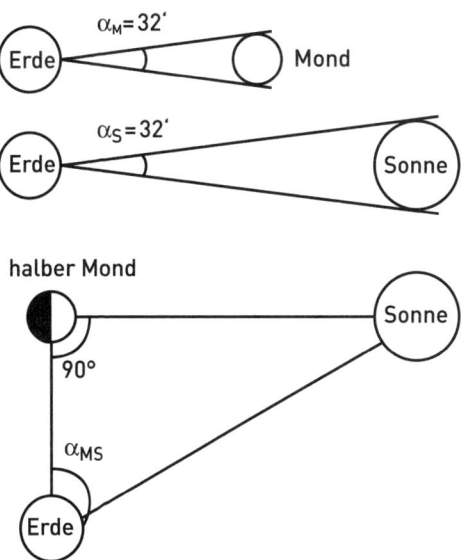

Hat man den Abstand Erde – Mond, dann lässt sich bei Halbmond der Abstand Erde – Sonne bestimmen (siehe Abbildung 3).

Hierbei muss man in dem rechtwinkligen Dreieck (Der rechte Winkel beim Mond zwischen der Richtung zur Erde und zur Sonne wird bei halbem Mond erreicht.) den Winkel zwischen Mond und Sonne von der Erde aus gesehen vermessen. Dieser Winkel $\alpha_{MS}$ ist sehr nahe bei 90 Grad. Nach heutigen Messungen weicht er nur 8 Bogenminuten von 90 Grad ab. Aristarchos nahm für diesen Winkel 87 Grad an, das heißt 3 Bogengrade Abweichung von 90 Grad. Den Durchmesser der Sonne kann man aus dem Sichtwinkel $\alpha_S$ der Sonne von der Erde bestimmen. Dieser Winkel beträgt nach heutigen Messungen 32 Bogenminuten. Aristarchos nahm zwei Bogengrade an. Die historischen antiken Werte für diese Entfernungen und Durchmesser werden in der Tabelle gegeben und mit den heutigen Werten verglichen. Die Einheit für die Länge ist dabei der Durchmesser der Erde. Die Messung des Umfangs der Erde durch Eratosthenes erlaubt es, diese Werte auf absolute Längen umzurechnen. In der letzten Spalte der Tabelle ist der Durchmesser der Erde nach Eratosthenes in Kilometer angegeben.

Die Messung des Umfangs der Erde durch Eratosthenes und seine geographischen Karten spielten im Zeitalter der Entdeckungen im 15. und 16. Jahrhundert eine wichtige Rolle. Schon Eratosthenes soll angegeben haben, dass man mit dem Schiff, wenn man nach Westen segelt, Indien erreichen kann. Der römische Geschichtsschreiber Strabo erwähnt, dass Poseidonios den Umfang der Erde mit 180 000 Stadien angibt und fährt dann fort:

> «Poseidonios vermutet, daß die Ausdehnung der bewohnten Welt ungefähr 70 000 Stadien beträgt, was etwa die Hälfte des gesamten Umfangs der Erde ist. So daß, wenn man vom Westen (der bewohnten Welt) auf einem geraden Kurs segelt, man nach 70 000 Stadien Indien erreicht.»

Kolumbus benutzte Daten des Astronomen Ptolemäus und kam zu einem ähnlichen, für ihn günstigen Resultat. Das Expertengremium, das Königin Isabella eingesetzt hatte, berechnete einen viel längeren Weg nach Indien und schlug vor, die Finanzierung des Unternehmens von Kolumbus abzulehnen. Doch Isabella finanzierte das Unternehmen dennoch. Wenn der Kontinent Amerika nicht zwischen Europa und Indien läge, wäre das Unternehmen sicherlich kläglich gescheitert. Die kleinen Schiffe des Kolumbus hätten wahrscheinlich nicht eine Distanz bis Indien überleben können. So verdanken wir die Entdeckung Amerikas und die der Indianer einer Unterschätzung der Entfernung nach Indien in westlicher Richtung.

Die Messung des Erdumfangs nach Eratosthenes kann, wie am Anfang des Kapitels erwähnt wurde, jeder durchführen, der einen Partner etwa 1000 km südlicher oder nördlicher findet. Die beiden Orte müssen nicht auf dem gleichen Meridian liegen.

Das Verfahren läuft wie folgt:

1. Man bestimmt den Nord-Süd-Abstand $d_{NS}$ (nicht Abstand) der beiden Orte, den man aus jeder Karte oder aus der Angabe der Breitengrade der beiden Orte erhalten kann. Die Differenz der Breitengrade mal 111,136 km ergibt den Nord-Süd-Abstand $d_{NS}$.
2. Ein etwa zwei bis drei Meter hoher gerader Stab wird mit Hilfe eines Senkbleis senkrecht an von der Sonne beschienenen horizontalen, ebenen Plätzen (Schulhof) der beiden Orte aufgestellt.
3. Am gleichen Tag verfolgt man an beiden Orten den Schatten des Stabes, indem man den Verlauf etwa im Sand oder mit Kreide einzeichnet. Beim kürzesten Schatten ist die Sonne in der höchsten Position. Die Länge des kürzesten Schattens dividiert durch die Länge des Stabes (über dem Grund) ergibt den Tangens des Winkels zwischen dem Zenit (Senkrechte) und der Sonne.

4. Aus dem Tangens berechnet man mit der Funktion $TAN^{-1}$ auf dem Taschenrechner den Winkel der Sonne gegen die jeweilige Senkrechte: $\alpha_S$ und $\alpha_N$.

5. Aus der Differenz der Winkel $\Delta\alpha = \alpha_N - \alpha_S$ in Grad und dem Nord-Süd-Abstand der beiden Orte $d_{NS}$ erhält man den Erdumfang: $d_{NS} \cdot 360 / \Delta\alpha$.

Das Verfahren von Eratosthenes ist so einfach und so schön, dass es jede Physikklasse durchführen sollte.

### LITERATUR

K. Simonyi *Kulturgeschichte der Physik*, Frankfurt 1990

K. Geus «Eratosthenes von Kyrene», *Münchner Beiträge zur Papyrusforschung und antiken Rechtsgeschichte*; 92. Heft 2002

D. Lelgemann *Eratosthenes von Kyrene und die Messtechnik der alten Kulturen*, Wiesbaden 2001

# Galileo Galileis Experimente zum Fall der Körper

Gerd Graßhoff

## Der freie Fall

Als junger Forscher bestieg Galilei den schiefen Turm von Pisa, ließ schwere Gegenstände hinunterfallen, ermittelte auf diese Weise das Fallgesetz und widerlegte Aristoteles mit dem Befund, dass Körper aus unterschiedlichen Materialien gleich schnell fallen. Diese schöne Geschichte markiert den Beginn einer bis heute lebendigen Legende um die experimentellen Anfänge der modernen empirischen Wissenschaften.

Daran stimmt so gut wie nichts. In die Welt gebracht wurde sie von Galileis Assistenten Vincenzio Viviani, der als Siebzehnjähriger seinem mittlerweile erblindeten Lehrer in seinen letzten Lebensjahren von 1639 bis 1642 zur Hand ging. Als Viviani selbst zu einem anerkannten Forscher gereift war, verfasste er *Historische Erzählungen* mit dem bis heute frühesten Bericht über den Turmwurf von Pisa:

> *«Dann erwiesen sich [...], zum großen Mißvergnügen aller Philosophen, durch Erfahrungen, strenge Beweise und Argumente, viele der Schlußfolgerungen des Aristoteles über die Bewegung als falsch, die bis dahin als überaus klar und unbezweifelbar gegolten hatten, unter anderem die, daß die Bewegungsgeschwindigkeit von Körpern der gleichen Materie, aber verschiedener Schwere, wenn diese sich durch dasselbe Medium bewegen, nicht dem Verhältnis der Schwere entspricht, wie Aristoteles behauptet, sondern daß sich vielmehr alle mit der gleichen Geschwindigkeit bewegen, und das demonstrierte er durch wiederholte Expe-*

rimente, die von der Höhe des Campanile von Pisa in Anwesenheit der übrigen Dozenten, Philosophen und der ganzen Studentenschaft ausgeführt wurden.» (Vgl. dazu Fölsing, S. 88)

Es fällt auf, dass Viviani nichts zum Fallgesetz behauptet – von Experimenten zur Wurfparabel ganz zu schweigen. Angesichts der nur grob zu schätzenden Messwerte der Fallzeit konnten solche Versuche auch gar nicht die Ergebnisse liefern, die Galilei mit viel raffinierteren Studien an der schiefen Ebene erhielt. Nach Vivianis Erzählung geht es auch ausschließlich um den Grundsatz, wonach die natürliche Fallbewegung schwerer Körper von deren Gewicht und der materiellen Beschaffenheit unabhängig ist. Dieser Satz gilt auch für einen Fall unter Vernachlässigung der Luftreibung. Doch ist es gerade der junge Galilei selbst, der in seiner frühen, unveröffentlichten Schrift mit dem Titel *De motu* feststellt, dass der Fall einer schweren Bleikugel deutlich schneller sei als der Fall einer gleich schweren Holzkugel. Der Befund widerspricht direkt dem Bericht Vivianis und erlaubt für die Beobachtungen fallender Kugeln allenfalls eine grobe Prognose, welche der Kugeln den Boden als Erste erreicht. Damit sind weder besonders tief schürfende Einsichten über die Bewegungen schwerer Körper gefunden noch die Lehren des Aristoteles in ihren verbesserten Fassungen der Zeit erschüttert. Auch wenn es so etwas wie eine Wurfdemonstration gegeben haben sollte, sie konnte keinen wissenschaftlichen Wert gewinnen. Wir verfügen heute auch über keine anderen Zeugnisse solcher Versuche, noch sind sie in Galileis erhaltenen Manuskripten und Arbeitspapieren zur Mechanik beschrieben. Man muss sie zur Legende erklären.

Galilei hätte nach Viviani diese Versuche in seiner Zeit in Pisa durchgeführt. Hier fand Galilei von 1589 bis 1592 seine erste akademische Anstellung. In welcher Zeit beschäftigte sich Galilei mit den Grundlagen der Mechanik? Galileis erste akademische Schritte an der Universität von Pisa führten zu einer Reihe kleinerer Traktate über naturphilosophische Themen. Diese Schriften blieben unveröffentlicht; inhaltlich orientierten sie sich an der aristotelischen Tradition und der zeitgenössischen Debatte und Kritik an ihr. Der junge Akademiker Galilei erarbeitete sich auf diese Weise das Wissen seiner Zeit und den Lehrstoff, den er für den Unterricht benötigte. Die aristotelischen Konzepte der Bewegung unter mechanischen Kräften werden als theoretisches Repertoire dargestellt, aber auch als unzureichend abgelehnt. Galileis Helden sind Euklid und Archimedes, auf deren Arbeiten sich der Ansatz begründet, die Mittel der Geometrie für die Behandlung physikalischer Problemstellungen zu nutzen. Doch zeigt sich schnell, dass die aristotelischen Begriffe der Bewegung nicht widerspruchsfrei als eine Wissenschaft der Mechanik, die sich am Vorbild Euklids orientiert, geometrisch zu reformulieren sind.

Galilei wurde 1564 in Pisa geboren, begann zunächst, wie zuvor Nikolaus Kopernikus, mit dem für eine spätere lukrative Berufskarriere einträglich erscheinenden Medizinstudium, doch zogen ihn die praktischen Probleme der Mechanik und die damit verbundenen mechanischen und geometrischen Wissenschaften so an, dass er gegen den entschiedenen Wunsch seines Vaters sogar ohne ein herzogliches Stipendium sein Medizinstudium ohne Examen aufgab und mit dem Studium der Mathematik begann. Hier machte Galilei zwar schnelle Fortschritte, kehrte jedoch ohne Examen mangels Geld in sein elterliches Haus zurück. Dort versuchte er sich als Hauslehrer und Fachmann für mechanische Geräte. Nach mühevollen vier vergeblichen Jahren auf der Suche nach einer entsprechenden Anstellung gelang es ihm mit Hilfe des einflussreichen Förderers Guidobaldo del Monte, eine Dozentenstelle an der Universität Pisa zu erhalten. Galilei hatte die Studenten in die grundlegenden Texte der Mathematik einzuweisen – insbesondere Euklid und Archimedes waren seine Lieblingsautoren –, aber auch ironisierende Schriften gegen die aristotelische Naturphilosophie finden sich in seinem Nachlass. Die Zeit in Pisa war für Galilei der Beginn einer ernsthaften Auseinandersetzung mit den wissenschaftlichen Themen seiner Zeit. Die frühen Texte zeigen trotz allem Mut zum eigenständigen Denken noch eine feste Bindung an die traditionellen Ansichten. Erst der Sprung in die nächste Anstellung an der Universität von Padua 1592 als Professor für Mathematik und der damit verbundene rege Austausch mit seinen Förderern verschafften ihm die nötige Eigenständigkeit. Die achtzehn Jahre in Padua nannte Galilei in einem späteren Brief seine fruchtbarsten Jahre. Nach den erhaltenen Manuskripten führte er in dieser Zeit die intensiven Untersuchungen zur Wissenschaft der Mechanik mit ihren vielen neuen Anwendungen in Architektur, Schiffsbau oder Militärwesen. Die Arbeiten aus dieser Zeit fasste Galilei nach seinem von der Kirche verordneten Zwangsarrest zusammen und veröffentlichte sie erst kurz vor seinem Tod im Ausland. Galilei erfuhr bereits vor seiner eigenen Auseinandersetzung mit der Kirche die Verwerfungen einer turbulenten Zeit. Sein Freund Sarpi wurde Wortführer der Venezianer gegen die katholische Kirche und ihre versuchte Mitsprache bei kleinsten personellen Besetzungen. Die römische Kirche exkommunizierte die Venezianer, doch ihnen gelang es, durch eine geschickte Allianz mit Frankreich, selbst der Drohung einer militärischen Lösung des Konflikts zu widerstehen. Obwohl Galilei den Kampf um die Meinungsfreiheit bei seinen engsten Freunden täglich miterlebte, entschied er sich nach einigen Jahren der Verhandlung, auf ein Angebot der Medici in Florenz einzugehen und bei einem großzügigen Gehalt als persönlicher Lehrer des jungen Cosimo Medici nach Florenz zurückzugehen. Auch sein Schüler zögerte anfänglich, die Staatskassen mit den ordentlichen Gehaltsforderungen zu belasten, doch verhalf Galilei die enorme Popularität einer neuen wissenschaftlichen Entdeckung, auch die Medici davon zu überzeugen, den angesehensten Wissenschaftler ihrer Zeit nach Florenz zu holen.

Gerüchteweise verbreitete sich in Europa seit 1608 die Nachricht, dass einem Belgier (oder Holländer) die Konstruktion eines optischen Gerätes gelungen sei, mit dem man ferne Gegenstände vergrößert betrachten könne. Erste Exemplare wurden in Italien für exorbitante Preise feilgeboten, doch wurden die Ratsherren von Venedig dazu überredet, die Untersuchungen Galileis und seinen genauen Bericht über die neuen Möglichkeiten des Fernrohrs abzuwarten. Am 20. August 1609 bestiegen die wichtigen Herren Venedigs mit Galilei den Campanile von San Marco in Venedig und ließen sich die eindrücklichen Effekte des Fernrohres demonstrieren. In ihrem Bericht war gar «von den Wundern und einzigartigen Wirkungen des Rohrs dieses besagten Galileos» die Rede. Diesen Triumph wollte Galilei diesmal ausnutzen und stellte erneut Gehaltsforderungen, dieses Mal ging es um eine Verdopplung seines bisherigen Einkommens. Mit einigen skeptischen Stimmen und nur einer knappen Mehrheit wurde Galilei schließlich ein für diese Zeit erstaunliches Salär angeboten. Doch hatte Galilei mittlerweile seine Kontakte nach Florenz verdichtet und konnte mit diesem Angebot auch die Medici überzeugen, eine ähnliche Offerte auf den Tisch zu legen.

Mittlerweile stellte Galilei astronomische Beobachtungen mit seinem Fernrohr an, die 1610 in der triumphalen Publikation des *Siderius nuntius*, des *Sternenbotens*, die europäischen Astronomen mit Berichten über neue Sterne, Jupitermonde und hohe Berge auf dem Mond überraschten. Obwohl die Präsentation für die venezianischen Ratsherren ein großer Erfolg war, stimmten andere den Ergebnissen nicht zu. Es traten Kollegen Galileis von der Universität hervor, die mit philosophischen Beweisen die Unmöglichkeit weiterer Planeten nachzuweisen suchten. Zwar wurden sehr schnell Repliken des Fernrohrs gebaut, doch waren diese noch schlechter als Galileis Instrument und ließen Zweifel daran entstehen, dass Galileis Sichtung der Jupitermonde mehr als eine bloße Sinnestäuschung gewesen war. Zuvor hatte Galilei seinen Fund seinen neuen Arbeitgebern als «Mediceische Sterne» gewidmet, und diese wurden angesichts der entstehenden Kontroverse über die Glaubwürdigkeit Galileis nervös. Sie verlangten weitere Beweise und bedeutende Zeugen, die erst langsam, dann aber durch die Besten seiner Zeit in Gestalt des kaiserlichen Hofastronomen Johannes Kepler und schließlich auch der Astronomen am päpstlichen Collegio Romano auftraten. Pater Clavius, selbst ein versierter Astronom, sprach Galilei ein großes Lob aus, «als der erste, der dieses beobachtet hat». Nun entfachte ein jahrelanger Streit um die Beweiskraft dieser neuen Phänomene. Es war zwar klar, dass die kosmologische Ordnung der Antike nicht mehr gerettet werden konnte, doch wurde man durch die neuen Beobachtungen nicht zum Heliozentrismus des Kopernikus gezwungen. Die Anti-Kopernikaner wüteten zunächst im Hintergrund gegen die Anerkennung Galileis. Er veröffentlichte seinen Bericht über die Venusphasen und die Sonnenflecken und war sich der Beweiskraft dieser neuen Funde sicher. Am vierten Adventsonntag 1614 wurde Galilei öffentlich der Ketzerei bezichtigt. Es kochte weiter gegen Galilei, und schließlich wurde 1616 ein Dekret erlassen, in dem untersagt wurde, die kopernikanische Lehre als bewiesen zu vertreten. Sie sollte bestenfalls als Meinung gelten, gleichberechtigt neben einer geozentrischen Kosmologie. Galilei zog sich aus diesem öffentlichen Trubel zurück und arbeitete an den Einzelheiten eines Werks, in dem der unumstößliche Beweis für die Drehung der Erde um die Sonne und um ihre eigene Achse erbracht werden sollte. Er musste jedoch zur Kenntnis nehmen, dass die vielen neuen Phänomene, die sich durch das Fernrohr sehen ließen, einen solchen Beweis nicht erlaubten. Es gab bislang keines, das sich nicht auch durch ein tychonisches Modell der Anordnung der Planeten erklären ließ und damit die Erde in die Mitte des Kosmos stellte.

Galilei glaubte jedoch, ein Phänomen gefunden zu haben, dessen Auftreten eindeutig die Drehung der Erde beweisen könnte: die

Gezeiten der Meere. Nach seiner Vorstellung ergeben sich die Gezeiten nicht als Wirkung einer Gravitationskraft, sondern durch Trägheitsbewegungen der Gewässer, wenn diese sowohl mit der Erde gedreht werden als auch mit der Bewegung der Erde um die Sonne eine zweite Bewegung erfahren. So müssten nach Galilei die Gewässer bei der täglichen Drehung in Bewegungsrichtung der Erde abgebremst und auf der gegenseitigen Lage auf der Erde wieder beschleunigt werden. Jener Beschleunigungseffekt, so dachte Galilei, sei die Ursache der Gezeiten. Da bei einer ruhenden Erde weder Drehungen noch Bewegungen um die Sonne auftreten, können diese auch nicht die Gezeiten erklären. Galilei war so überzeugt von diesem Beweis, dass er zunächst kleinere Traktate darüber verfasste, der Erklärung dieses Phänomens seine nächste Hauptschrift widmen und diese mit dem Titel «*Dialog über Ebbe und Flut*» überschreiben wollte. Dem Papst und der Kurie war das zu viel. Wieder schien Galilei einen Beweis für die heliozentrische Kosmologie vorlegen zu wollen. Ein langwieriges Zensurverfahren begann, und schließlich schien Galilei eine Druckerlaubnis für den Titel «*Dialog*» zu besitzen. Das Buch erschien 1632, aber die Kirche reagierte scharf und endgültig. Der Drucker wurde angewiesen, die Herstellung und den Vertrieb des Buchs einzustellen. Im Sommer 1633 wurde Galilei mehrfach gehört und die Folter angedroht. Galilei widerrief, einen Beweis für eine heliozentrische Kosmologie vorlegen zu können. Er wurde unter Arrest gestellt und durfte sein Haus nicht mehr verlassen. In dieser Zeit verfasste er sein eigentliches Hauptwerk der Mechanik, in dem Fallgesetz und Wurfparabel endlich klar definiert und bewiesen werden.

Für viele ist das in Galileis Hauptwerk – *Discorsi e dimostrazioni matematiche, Intorno à due nuoue scienze attenenti alla mecanica, & i movimenti locali (Unterredungen und mathematische Demonstrationen über zwei neue Wissenschaftszweige, die Mechanik und die Fallgesetze betreffend)* – beschriebene Experiment zum freien Fall der Beginn der modernen experimentellen Wissenschaft. Die *Discorsi* sind Galileis letztes Werk. Sie erschienen 1638, nachdem Galilei ab 1633 seine Arbeiten über die Grundlagen der Mechanik im verordneten Hausarrest und in wachsender Gebrechlichkeit verfasst hatte.

Der Aufbau der *Discorsi* gleicht dem anderen großen Werk, für das Galilei von der Inquisition verurteilt wurde, dem *Dialog*. Es treten drei Gesprächspartner mit wechselnden Beiträgen auf. Sagredo (er trägt den Namen eines engen früheren Freundes Galileis) steht für den fortschrittlichen und modernen Naturwissenschaftler, der zumeist mit Galilei identifiziert wird. Der zweite Gesprächspartner, Salviati, tritt mit der klassischen Gegenposition eines Aristotelikers auf; Simplicio schließlich nimmt – wie die Namensgebung nahe legt – als ein etwas ungebildeter, zumeist die Meinung von Laien ausdrückender Gesprächspartner teil. Es ist aber auch durchaus plausibel, alle Gesprächspartner mit Galilei zu identifizieren, und zwar als Repräsentant der unterschiedlichen Entwicklungsphasen seiner eigenen Ansichten. So sind in den frühen Schriften Galileis aus seiner Zeit in Padua viele theoretische Konzepte der aristotelischen Physik zu finden. Sogar die Ansichten des Simplicio sind bei genauer Betrachtung nicht so schlicht, wie der Name ihres Vertreters glauben lässt. Häufig bringen seine Fragen die Galilei'sche Position erst richtig ins Spiel der Argumente.

Die *Discorsi* sind komplizierter aufgebaut als der *Dialog*. Dennoch sind sie ebenso in Tage aufgeteilt, die Kapiteln eines Buchs entsprechen. An den ersten beiden Tagen diskutieren die Dialogpartner Probleme der Mechanik und der Ingenieurskunst. Am dritten und vierten Tag der *Discorsi* behandelt Galilei die Fallgesetze, und es ist dieser Teil, für den die Galilei'sche Schrift von vielen späteren Wissenschaftlern als epochales Werk, ja sogar als Beginn der modernen exakten Wissenschaften auf experimenteller Basis gelobt wird. Die systematischen Ausführungen werden in diesem Teil nicht mehr über die Diskussion zwischen den Gesprächspartnern entwickelt. Stattdessen wird ein Text des «Akademikers» gelesen, dessen Urheber niemand anderer als Galilei ist. Am dritten und am vierten Tag wird der Inhalt dieser Schrift referiert, die selbst aus drei Büchern besteht. Das erste Buch entwickelt die grundlegenden Begriffe der Mechanik, das zweite die Bewegungsgesetze fallender Körper und die Bewegung auf schiefen Ebenen, das dritte Buch schließlich analysiert die Wurfbewegung.

Die Diskussionen zwischen den auftretenden Personen werden auf Italienisch geführt. Die Figur, die weitestgehend die späten Auffassungen Galileis vertritt, Salviati, führt am dritten Tag die Abhandlung über die Bewegung materieller Körper ein, die systematisch geordnet ist, mit axiomatischen und begrifflichen Klärungen beginnt und in strenger geometrischer Beweisführung schließlich die mechanischen Theoreme herleitet.

Der dritte Tag der *Discorsi* beginnt mit Galileis selbstsicher vorgetragener Einschätzung der Bedeutung seiner Untersuchungen zur beschleunigten Bewegung:

> «Einige leichtere Sätze hört man nennen: wie zum Beispiel, daß die natürliche Bewegung fallender Körper eine stetig beschleunigte sei. In welchem Maße aber diese Beschleunigung stattfinde, ist bisher nicht ausgesprochen worden; denn soviel ich weiß, hat niemand bewiesen, daß die vom fallenden Körper in gleichen Zeiten zurückgelegten Strecken sich zueinander verhalten wie die ungeraden Zahlen. Man hat beobachtet, daß Wurfgeschosse eine gewisse Kurve beschreiben; daß letztere aber eine Parabel sei, hat niemand gelehrt.» (Vgl. dazu Unterredung, S. 140)

Die ersten als Theorem I und Theorem II am dritten Tag von Galilei bewiesenen Sätze folgen aus den Definitionen von Geschwindigkeit und einer gleichförmigen Beschleunigung:

THEOREM I: «*Die Zeit, in welcher irgendeine Strecke von einem Körper von der Ruhelage aus mittelst einer gleichförmig*

*beschleunigten Bewegung zurückgelegt wird, ist gleich der Zeit,
in welcher dieselbe Strecke von demselben Körper zurückgelegt
würde mittelst einer gleichförmigen Bewegung, deren Geschwindigkeit gleich wäre dem halben Betrage des höchsten und letzten
Geschwindigkeitswertes bei jener ersten gleichförmig beschleunigten Bewegung.» (Unterredung, S. 158)*

Der Beweis verdeutlicht die Schwierigkeiten, die beim Umgang
mit unendlich vielen Graden einer Geschwindigkeit ohne die moderne Infinitesimalrechnung auftreten.

Daraus folgt die Gültigkeit des zweiten Theorems:

THEOREM II: *«Wenn ein Körper von der Ruhelage aus gleichförmig beschleunigt fällt, so verhalten sich die in gewissen Zeiten
zurückgelegten Strecken wie die Quadrate der Zeiten.»*

Wie die Bezeichnung «Theorem» bereits ausdrückt, hängt die Gültigkeit der Sätze von den Axiomen und Voraussetzungen ab, aus
denen sie abgeleitet werden. In die beiden ersten Theoreme gehen
zunächst keinerlei empirische Befunde ein. In welcher Beziehung
stehen sie dann zu empirischen Untersuchungen, die gerade die
Basis für das Fallgesetz sein sollen? Der Dialogpartner Sagredo
stellt in den *Discorsi* die gleiche Frage, nämlich, ob die Natur beim
Fall der Körper diese genau gleichförmig beschleunigt fallen lasse
– wobei bemerkenswerterweise auch das Abrollen einer Kugel auf
einer geneigten Ebene als Fall zu verstehen ist. Als Antwort dekla-
miert Salviati ein Manifest der modernen empirischen Wissenschaften:

*«Ihr stellt in der Tat, als Mann der Wissenschaft, eine berechtigte
Forderung auf, und so muß es geschehen in den Wissensgebieten,
in welchen auf natürliche Konsequenzen mathematische Beweise
angewandt werden; so sieht man es bei allen, die Perspektive,
Astronomie, Mechanik, Musik und anderes betreiben; diese alle*

*erhärten ihre Prinzipien durch Experimente, und diese bilden das
Fundament des ganzen späteren Aufbaus. [...] Der Autor hat es
nicht unterlassen, Versuche anzustellen, und um mich davon zu
überzeugen, daß die gleichförmig beschleunigte Bewegung in
oben geschildertem Verhältnis vor sich gehe, bin ich wiederholt in
Gemeinschaft mit unserem Autor in folgender Weise vorgegan-
gen:» (Unterredung, S. 162)*

Folgendes Experiment fügt Galilei im Anschluss an die beiden ersten Theoreme hinzu, um zu beweisen, dass die Natur bei fallenden
Körpern so auf diese einwirkt, dass sie mit konstanter Beschleunigung immer schneller auf die Erde zufallen:

EXPERIMENT: «*Auf einem Lineale, oder sagen wir auf einem
Holzbrette von 12 Ellen Länge, bei einer halben Elle Breite und
drei Zoll Dicke, war auf dieser letzten schmalen Seite eine Rinne
von etwas mehr als einem Zoll Breite eingegraben. Dieselbe war
sehr gerade gezogen, und um die Fläche recht glatt zu haben, war
inwendig ein sehr glattes und reines Pergament aufgeklebt; in
dieser Rinne ließ man eine sehr harte, völlig runde und glattpo-
lierte Messingkugel laufen. Nach Aufstellung des Brettes wurde
dasselbe einerseits gehoben, bald eine, bald zwei Ellen hoch; dann
ließ man die Kugel durch den Kanal fallen und verzeichnete in sogleich zu beschreibender Weise die Fallzeit für die ganze Strecke:
Häufig wiederholten wir den einzelnen Versuch, zur genaueren
Ermittelung der Zeit, und fanden gar keine Unterschiede, auch
nicht einmal von einem Zehntel eines Pulsschlages. Darauf ließen
wir die Kugel nur durch ein Viertel der Strecke laufen, und fanden stets genau die halbe Fallzeit gegen früher. Dann wählten wir
andere Strecken, und verglichen die gemessene Fallzeit mit der
zuletzt erhaltenen und mit denen von $\frac{2}{3}$ oder $\frac{3}{4}$ oder irgend anderen Bruchteilen; bei wohl hundertfacher Wiederholung fanden
wir stets, daß die Strecken sich verhielten wie die Quadrate der*

*Zeiten: und dieses zwar für jedwede Neigung der Ebene, d. h. des Kanales, in dem die Kugel lief. Hierbei fanden wir außerdem, daß auch die bei verschiedenen Neigungen beobachteten Fallzeiten sich genau so zueinander verhielten, wie weiter unten unser Autor dasselbe andeutet und beweist.» (Unterredung, S. 162 f.)*

Auch wenn zur Zeitmessung der Pulsschlag erwähnt wird, musste Galilei zur genauen Messung ein anderes Verfahren anwenden, das er nachfolgend beschreibt:

MESSUNG: *«Zur Ausmessung der Zeit stellten wir einen Eimer voll Wasser auf, in dessen Boden ein enger Kanal angebracht war, durch den ein feiner Wasserstrahl sich ergoß, der mit einem kleinen Becher aufgefangen wurde, während einer jeden beobachteten Fallzeit: das dieser Art aufgesammelte Wasser wurde auf einer sehr genauen Waage gewogen; aus den Differenzen der Wägungen erhielten wir die Verhältnisse der Gewichte und die Verhältnisse der Zeiten, und zwar mit solcher Genauigkeit, daß die zahlreichen Beobachtungen niemals merklich [di un notabile momento] voneinander abwichen.» (Unterredung, S. 163).*

Im letzten Satz der Beschreibung des Experiments wird darauf hingewiesen, dass auch das folgende Theorem III durch die gleiche experimentelle Anlage als korrekte Beschreibung des freien Falls ausgewiesen ist.

THEOREM III: *«Wenn längs einer geneigten Ebene, sowie längs der senkrechten gleicher Höhe ein und derselbe Körper aus der Ruhelage sich bewegt, so verhalten sich die beiden Fallzeiten zueinander wie die Längen der geneigten Ebene zur Länge der Senkrechten (oder wie die Weglängen).» (Unterredung, S. 168)*

Während die ersten beiden Theoreme aus den Definitionen der gleichförmigen Beschleunigung folgen, bezieht sich das dritte Theorem direkt auf die Eigenschaften fallender Körper. Der experimentellen Beschreibung nach scheint es, als sei dieses Theorem ebenfalls empirisch geprüft und bestätigt; dennoch hat sich hier ein bemerkenswerter Fehler eingeschlichen, der zu einer sehr kontrovers ausgetragenen Debatte um die Einschätzung der experimentellen Arbeiten Galileis unter Wissenschaftshistorikern führte. Theorem III ist nämlich falsch.

Galilei stützt sich in dem Beweis auf den Satz, dass die Endgeschwindigkeiten fallender Körper unabhängig von der Neigung der schiefen Ebene und gleich der Endgeschwindigkeit des freien Falls sind. In moderner Notation könnte man zunächst glauben, folgende Überlegungen stützten Galileis Aussagen: Beim freien Fall gilt die Beziehung zwischen der Fallhöhe h, der Zeit t und der Erdbeschleunigung g:

$$h = \tfrac{1}{2} g t^2$$

Auf einer schiefen Ebene der Länge l mit dem Neigungswinkel α rollt nun eine Kugel und erreicht das Ende der Ebene nach der Zeit T, es gelte also:

$$l = \tfrac{1}{2} g \sin(\alpha) T^2$$

mit $\sin(\alpha) = h/l$ für die Komponente der Erdbeschleunigung, die in Richtung der Ebene die Kugel hinunterführt.

Daraus folgt:

$$t/T = h/l$$

Die dem Beweis zugrunde liegende Voraussetzung ist aber falsch: Die Endgeschwindigkeit einer rollenden Kugel unterscheidet sich von der Endgeschwindigkeit einer fallenden Kugel aus gleicher Höhe. Im freien Fall setzt die Kugel ihre gesamte potenzielle Energie in die Fallgeschwindigkeit um. Bei einer rollenden Kugel ist das nicht so; neben ihrer Bewegung auf einer schiefen Ebene erfährt die Kugel selbst eine zunehmend stärkere Rotation, die einen Teil der Energie aufnimmt. Die Beschleunigung der rollenden Kugel beträgt nur $\frac{5}{7}$ der Beschleunigung ohne die Drehung der Kugel. Entsprechend ist Galileis Satz falsch. Die fallende Kugel bewegt sich schneller als die ihr korrespondierende rollende Kugel auf der schiefen Ebene.

Bevor wir versuchen, die historischen Hintergründe zu rekonstruieren, die zur Entdeckung des Fallgesetzes und der Wurfparabel führten, lesen wir die beiden Zitate Galileis über den Gegenstand seiner Entdeckung und die experimentelle Methode der neuen Wissenschaft etwas genauer. In der Einleitung zum dritten Tag der *Discorsi* stellt Galilei fest, dass die zu beweisenden Sätze von anderen bereits formuliert wurden, zum Beispiel der Satz, dass die natürliche Bewegung fallender schwerer Körper eine stetig beschleunigte ist. Galilei reklamiert für sich die Entdeckung des Grads der Beschleunigung. Der Nachsatz verdeutlicht, dass Galilei hierunter nicht die empirische Bestimmung der Beschleunigung versteht. Er betont, dass niemand *bewiesen* habe, dass die von fallenden Körpern mit gleichen Zahlen zurückgelegten Strecken sich zueinander verhalten wie «die ungraden Zahlen». In dieser letzten Formulierung steckt eine ältere Formulierung gleichförmiger Beschleunigung, die als «Ungerade Zahlen»-Regel bekannt war. Nach dieser Regel wachsen die zurückgelegten Strecken einer gleichförmig beschleunigten Bewegung in gleichen Zeitabständen nach der Zahlenfolge 1 + 3 + 5 + 7 etc. Zur ersten Zeitmessung wird die Strecke der Einheit 1 zurückgelegt, zur zweiten die Strecke 1 + 3 = 4, zur dritten die Strecke 1 + 3 + 5 = 9. Daraus ergibt sich der Satz, dass die Verhältnisse der zurückgelegten Strecken gleich den Verhältnissen der Quadrate der Zeiten sind. Behauptet man dann, dass der zurückgelegte Weg fallender und auf schiefen Ebenen rollender Kugeln sich mit dem Quadrat der Zeiten vergrößert, erhält man das Fallgesetz der klassischen Mechanik. Galilei erkennt somit an, dass die Formulierung der «Ungerade Zahlen»-Regel bekannt war, und zwar auch als Beschreibung der Eigenschaften fallender Körper.

Die neuen Erkenntnisse über die Beschleunigung fallender Körper implizieren keinen spezifischen Wert für die Beschleunigung. Einen solchen Wert findet man im Werk Galileis nicht. Galilei legt Gewicht auf die Feststellung, dass er den *Beweis* für die Sätze gefunden habe. Anders als häufig behauptet stellt sich Galilei nicht als Entdecker des Fallgesetzes dar. Sein Beitrag zur Mechanik in den *Discorsi* ist im Beweis zu suchen, warum Galilei das Fallgesetz für korrekt hielt.

Dieser Beweis verwendet Mittel der Geometrie, die auf grundlegende Definitionen der Begriffe der Bewegung angewendet werden. Nachdem es Galilei gelungen war, einen neuen Begriff der Geschwindigkeit zu entwickeln und die Relationen zwischen Geschwindigkeiten herzustellen, folgen aus diesen Definitionen die Eigenschaften der Theoreme I und II ohne Nutzung zusätzlicher empirischer Tatsachen. Ist es nun dieser Zusammenhang, den Galilei als besonders wichtig erachtet, oder ist es die experimentelle Prüfung der Frage, ob sich frei fallende Körper in der Natur tatsächlich gleichförmig beschleunigt auf der senkrechten oder auf der schiefen Ebene bewegen?

Wir werden versuchen, diese Frage zu klären, indem wir frühere Notizbücher und eine umfangreiche Sammlung unveröffentlichter Manuskripte Galileis heranziehen, die seine Studien über mechanische Probleme beinhalten. Auf den ersten Blick mag es aussehen, als beziehe sich Galileis Einschätzung seiner neuen Entdeckung auf die experimentelle Bekräftigung des Fallgesetzes. Erstens unterlässt er es jedoch, einen wichtigen Spezialfall für die beschleunigte Bewegung zu prüfen, der für die Überprüfung des dritten Theorems von besonderer Bedeutung wäre: die Größe der Beschleunigung des freien Falls. Es ist also nicht die klassische Form des Fallgesetzes, die Galilei mit dem beschriebenen Versuch testet. Zweitens ist keinesfalls gesagt, dass es diese experimentelle Bestätigung des Fallgesetzes war, die Galilei von der Geltung des Fallgesetzes überzeugte oder durch die er sogar unabhängig von der historischen Tradition auf die Formulierung des Fallgesetzes stieß. So wie es Galilei beschreibt, sind die Experimente erst nachträglich, als eine Bestätigung der theoretischen Aussagen durchgeführt worden, doch eben gerade nicht für den freien Fall.

Es müssen auf jeden Fall historische Dokumente herangezogen werden, um dem Zusammenhang zwischen Fallgesetz und experimentellen Untersuchungen auf die Spur zu kommen. Für ihre Beurteilung ist unter anderem entscheidend, wo Galilei seine Arbeiten durchführte, welche Gesprächspartner ihn dort beeinflussten und welche wissenschaftlichen Herausforderungen ihm dort begegneten. Ähnliches gilt für die zweite bedeutende Entdeckung, die Galilei erwähnt: dass die Bahn von Wurfgeschossen die Form einer Parabel hat. Am Anfang des dritten Tages der *Discorsi* behauptet Galilei, man hätte zwar zuvor beobachtet, dass Wurfgeschosse eine gewisse Kurve beschreiben. Sich selbst schreibt er jedoch die Entdeckung zu, dass diese Kurve einer Parabel entspricht.

Die Rekonstruktion der Zusammenhänge zwischen der Entwicklung der fundamentalen physikalischen Konzepte, wie der Geschwindigkeit oder der Schwere als Kraft, und dem Fallgesetz und der Parabelbahn wurde in den letzten zehn Jahren von der Arbeitsgruppe um Jürgen Renn am *Max-Planck-Institut für Wissenschaftsgeschichte* (Berlin) entscheidend vorangebracht. Die Darstellung in diesem Kapitel stützt sich auf die von Renn und seinen Mitarbeitern erarbeiteten Befunde; genutzt wurde zusätzlich die digitale Arbeitsumgebung, die in Zusammenarbeit mit der *Biblioteca Nazionale Centrale* und dem *Istituto e Museo di Storia della Scienza* in Florenz entstand: Hierüber sind Galileis Manuskripte zur Mechanik

über das Internet offen zugänglich. (http://www.mpiwg-berlin
.mpg.de/Galileo_Prototype)

Die in dieser Arbeitsumgebung erfassten Dokumente stammen
aus einem Ordner von losen Seiten, die später als MS. 72 katalogi-
siert wurden. Die Historiker nehmen an, dass Galilei selbst seine
Notizen thematisch sortierte und als Grundlage für die Ausarbei-
tung seiner *Discorsi* verwendete. Mittels der Wasserzeichen im Papier konnte festgestellt werden, dass der überwiegende Teil der
Notizen aus Galileis Zeit in Padua stammt. Aus einem Brief an seinen Freund Sarpi aus dem Jahr 1604 wissen wir zudem, dass Galilei
das Fallgesetz bereits kannte, dass er es aber als seine eigentliche
Aufgabe ansah, eine geometrische Begründung für dieses Gesetz
zu finden. In ebendiesem Brief macht Galilei seinem Freund einen
Vorschlag dazu, der sich jedoch schon bald als falsch herausstellte.
Die Suche nach den richtigen Prinzipien für die Geltung des Fallgesetzes ging weiter. Aus diesem Brief wird aber auch klar, dass es
sich nicht um eine experimentelle Frage handelte – darüber schei-
nen sich beide einig gewesen zu sein. Die Hauptschwierigkeit bestand in der richtigen geometrischen Repräsentation physikalischer Größen, mit denen sich die Prinzipien der Mechanik formulieren ließen. Ursprünglich stellten geometrische Konstruktionen
Strecken dar. Galilei wagte den neuen Schritt, auch Geschwindigkeiten und Zeiten über geometrische Längen darzustellen. Nur dadurch gelang es ihm, physikalische Beweisführungen anzulegen.
In seiner Zeit gab es neben der Geometrie keine andere Notations-
weise mit der Möglichkeit einer strengen wissenschaftlichen Beweisführung.

    Betrachten wir die Abbildung 1 mit der Seite MS 72, f. 152,
auf der Galilei die Überlegungen skizzierte, die in dem Theorem II
ausgedrückt sind.

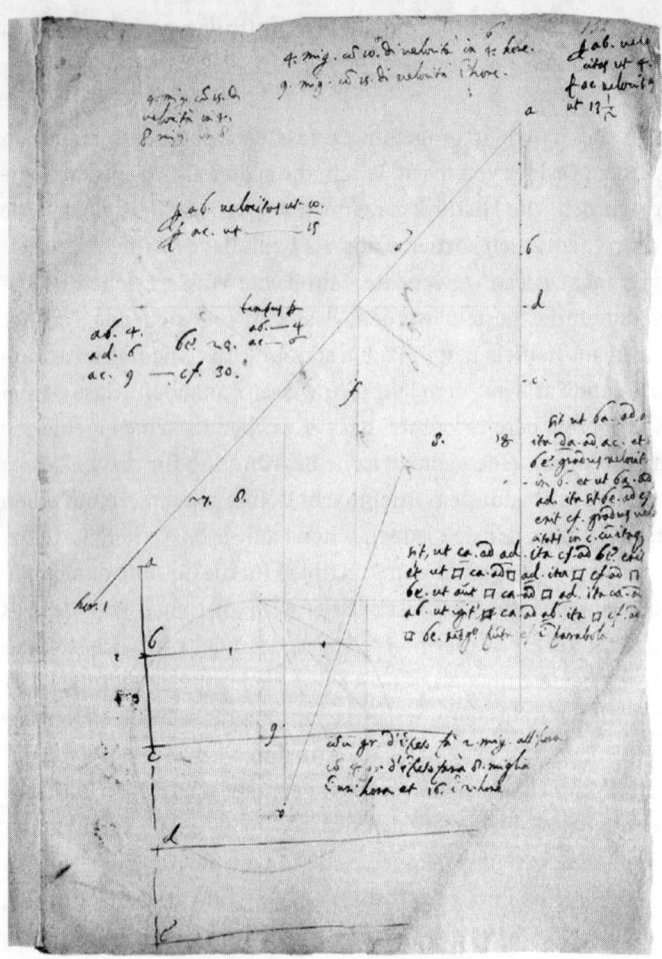

Abbildung 1 / Ms 72, f. 152

Ins Auge fällt die geometrische Zeichnung mit einer von Punkt a ausgehenden vertikalen Linie. An diesem Punkt schneidet sich die Linie mit einer zweiten, schräg nach links führenden Linie. Auf diesen beiden Linien sind die Bewegungen fallender Körper auf einer Vertikalen und einer schiefen Ebene abgetragen. Zuvor, im Brief an seinen Freund Sarpi, glaubte Galilei noch, dass die Geschwindigkeit sich proportional zur Fallstrecke vergrößere. Diese Annahme führte Galilei jedoch zu Widersprüchen, sie konnte demnach nicht korrekt sein. Auf der abgebildeten Seite nimmt Galilei nunmehr an, dass sich die Geschwindigkeit proportional zur Zeit vergrößert und leitet daraus das Fallgesetz ab. In den Rechnungen neben der Zeichnung untersucht Galilei, ob bei vorausgesetzter Geltung des Fallgesetzes die zuvor neu definierten Begriffe der Geschwindigkeit mit der Vermutung zu vereinbaren sind, dass die Geschwindigkeit der Fallzeit proportional ist. Galilei findet diese Übereinstimmung und damit die physikalische Grundlage, auf der er in den *Discorsi* das Fallgesetz begründet. Die hier dargestellte Seite enthält somit einen der entscheidenden Bausteine des Fallgesetzes, auf die Galilei am Dritten Tag der *Discorsi* so stolz als seine Entdeckung verweist (vgl. Damerow et al. S. 195 ff.). Es ist nicht das Fallgesetz selbst – das hatten andere bereits gefunden. Es war auch nicht seine experimentelle Überprüfung – die trägt nichts mehr zum eigentlichen Vorhaben Galileis bei, nämlich der demonstrativen Begründung der Geltung des Fallgesetzes aus grundlegenderen Prinzipien. Hier nun zeigt sich durch die Untersuchungen von Renn und Mitarbeitern, dass die Entdeckung des Fallgesetzes in einer bestimmten Bedeutung für Galilei noch früher zu datieren ist und eng mit seinen Untersuchungen zur Wurfbahn zusammenhängt. Ja, man sollte diese beiden Entdeckungen eigentlich nicht als zwei getrennte Ergebnisse seiner mechanischen Forschungen betrachten. Dieser Eindruck entsteht dadurch, dass ihre systematische Behandlung in den *Discorsi* in zwei verschiedenen Büchern erfolgt. Die Trennung ist jedoch künstlich. Das Fallgesetz hat isoliert betrachtet für die Mechanik nur eine geringe praktische Bedeutung. Erst im Zusammenhang mit anderen Bewegungsformen gewinnt es eine zentrale Rolle, insofern es eine Komponente einer komplexen Bewegung darstellt. Ob ein Körper frei fällt oder schief geworfen wird, immer gibt es auch eine Bewegungskomponente des freien Falls. Darum ist das Fallgesetz so wichtig. Sein Entstehen hängt damit untrennbar mit Galileis Untersuchungen zur Wurfbahn zusammen.

### GALILEIS EXPERIMENTE ZUR WURFPARABEL

Am vierten Tag beginnt der Text des Akademikers mit den einleitenden Worten:

> «Wir haben bisher die gleichförmige Bewegung und die natürlich beschleunigte, längs geneigter Ebenen, behandelt. Im nachfolgenden wage ich es, einige Erscheinungen und einiges Wissenswerte mit sicheren Beweisen vorzuführen über Körper mit zusammengesetzter Bewegung, einer gleichförmigen nämlich und einer natürlich beschleunigten; denn solcher Art ist die Wurfbewegung und so läßt sie sich erzeugt denken.» (Unterredung, S. 217)

Galilei führt hier die theoretische Zielsetzung seiner Schrift über die Mechanik ein. Die am dritten Tag behandelten Fragestellungen waren die Grundlagen für die Behandlung der «zusammengesetzten Bewegungen». Darunter ist die Rückführung der resultierenden Bewegung eines schweren Körpers – beispielsweise nach einem schiefen Wurf – auf die Überlagerung zweier Bewegungsformen zu verstehen, die jede für sich genommen den Körper in eine von zwei ausgezeichneten Richtungen und Bewegungsweisen treiben. Galilei setzt sich damit nach den einleitenden Bemerkungen das weit reichende Ziel, auch die Wurfbewegung als das Resultat einer in Einzelkomponenten zerlegten Bewegungsform darzustellen. Im nachfolgenden Satz schränkt er ein, dass er die Wurfbewegung zunächst nicht ganz allgemein behandelt, sondern durch solche Bewegungskomponenten darstellt, bei denen sich der Körper ohne einen Widerstand horizontal bewegt, mit dem von Galilei behandelten Ergebnis, dass sich eine solche Bewegung gleichförmig fortsetzt. Die zweite Komponente der Bewegung besteht in der Anziehung des schweren Körpers durch die Erde, und zwar mit einer gleichförmig beschleunigten Bewegung in Richtung auf ihr Zentrum hin. Die Überlagerung beider Bewegungen ergibt die resultierende Bahn – diejenige einer Parabel. Entsprechend ist das erste Theorem aus Buch vier der Befund, den Galilei selbst als zweites bedeutendes Ergebnis seiner Untersuchungen feiert:

THEOREM I (Tag 4): «*Ein gleichförmig horizontaler und zugleich gleichförmig beschleunigter Bewegung unterworfener Körper beschreibt eine Halbparabel.*»

In den nachfolgenden Ausführungen der *Discorsi* wird dieser wichtige Satz der Mechanik nicht direkt mit experimentellen Befunden in Verbindung gebracht. Stattdessen erörtert Galilei zunächst detailliert die Eigenschaften der Parabel und beweist daraus, dass die Bahnen aus der Überlagerung einer konstanten horizontalen Bewegungskomponente mit einer Fallbewegung resultieren.

Sagredo stimmt dem Beweis euphorisch zu, indem er feststellt:

«(…) *wahrlich, diese Betrachtung ist neu, geistvoll und schlagend; sie stützt sich auf eine Annahme, auf diese nämlich, daß die Transversalbewegung sich gleichförmig erhalte und daß ebenso gleichzeitig die natürlich beschleunigte Bewegung sich behaupte, proportional den Quadraten der Zeiten, und daß solche Bewegungen sich zwar mengen, aber nicht stören, ändern und hindern, so daß schließlich bei fortgesetzter Bewegung die Wurflinie nicht entarte; ein kaum faßliches Verhalten.*» (*Unterredung*, S. 222)

In den nachfolgenden Abschnitten lässt es Galilei nicht aus, auf die störenden Einflüsse von Reibung und Luftwiderstand hinzuweisen, die empirisch zu Abweichungen der tatsächlichen Wurfbahn von der Parabel führen können. Überdeutlich ist, weshalb das Fallgesetz, das in der Formulierung des Akademikers und der erneuten Wiedergabe durch Sagredo enthalten ist, für Galilei eine solch zentrale Bedeutung gewinnt. Das Fallgesetz bestimmt eine zentrale Komponente der Wurfbewegung schwerer Körper, und zwar nach dieser Konzeption unabhängig von Größe und Richtung der zweiten Komponente und dem Gesetz, das ihre Veränderungen mit der Zeit beschreibt. Immerhin verwendet Galilei für die horizontale Komponente den zuvor begründeten Satz, wonach sich diese Bewegung konstant fortführt. Wie bei der Ableitung des Fallgesetzes liegt der Schwerpunkt des Interesses Galileis darin, theoretische Konzepte zu finden, die zur mathematischen Darstellung eines mit den Phänomenen zu vereinbarenden Gesetzes führen.

Und doch gibt es gerade zur Wurfbahn eine Reihe von Schlüsseldokumenten, die belegen, wie sorgfältig Galilei dieses Phänomen auch experimentell studierte und die resultierende Bahn als Überlagerung von Einzelbewegungen zu erklären versuchte. In Galileis privatem Exemplar der *Discorsi*, das sein Schüler Viviani weiter verwendete und mit zusätzlichen Annotationen versah, fand sich ein loses Blatt in der Handschrift Galileis (siehe Abbildung 2). Auf diesem Blatt finden sich zwei sehr genau abgetragene Parabeln. Der Text daneben beschreibt ihre Herstellung. Eine genauere Untersuchung der Seite hat ergeben, dass die Parabeln nicht mit geometrischen Verfahren konstruiert wurden. Sie wurden erzeugt – so sagt es auch der Text –, indem eine mit Tinte bestrichene Kugel mit einem geeigneten Abwurfwinkel auf einer schräg angelegten Ebene mit der Seite als Unterlage eingeworfen wurde. Die Kugel wurde zuerst durch ihren Schwung nach oben und zur Seite getrieben, erreichte auf dem Gipfel der Bahn ihren höchsten Punkt, teilte damit die Kurve in zwei symmetrische Teile und wurde durch die Schwerkraft auf der anderen Seite der Parabel wieder heruntergezogen, wobei die Bewegung in der Horizontalen weiterführte.

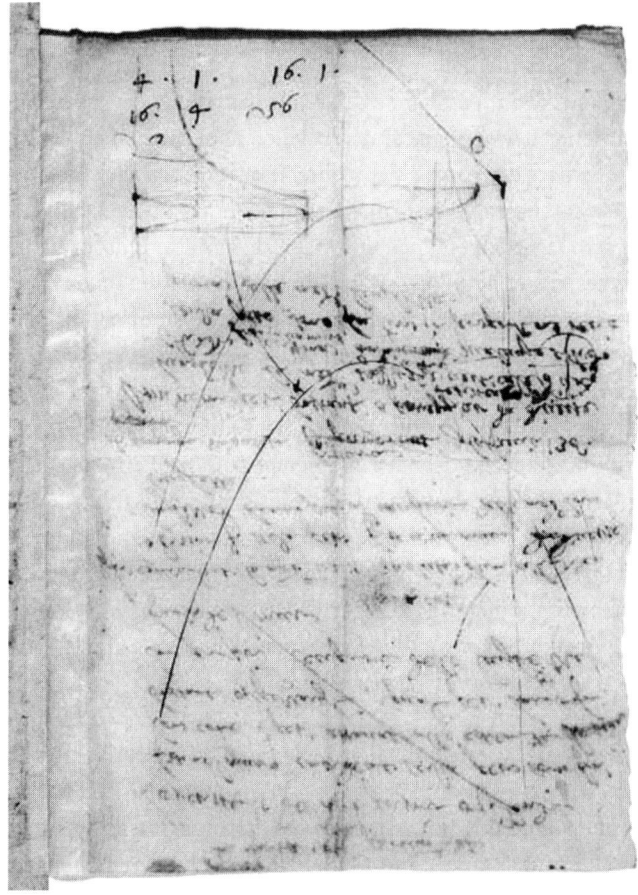

Abbildung 2 / Ein Blatt aus dem persönlichen Exemplar der ersten Edition der *Discorsi* von Galilei, Ms. Gal. 79, f. 90v, auf der zwei Parabeln abgetragen sind, die mit einer tintentragenden Kugel auf einer geneigten Ebene hergestellt wurden. In der Nähe der Kurven findet sich Galileis Beschreibung der experimentellen Methode.

Dieses Zusatzblatt war für Galilei und seinen Schüler eine wichtige experimentelle Festigung des ersten Theorems vom vierten Tag, des wichtigen Fundes, dass die Bahn eines mit horizontaler seitlicher Bewegungs- und vertikaler Wurfkomponente versehenen Körpers die Form einer symmetrischen Parabel zeigt. Diese spezielle Parabelbahn hat Galilei gefunden und sich zu Recht dafür gepriesen. Deutlich ist auch eine bemerkenswerte Einschränkung des Satzes, der in populären Darstellungen der Galilei'schen Entdeckungen leicht übersehen wird: Galilei beweist nicht, dass die Bahnkurve jedes schiefen Wurfs die Form einer schief zur Horizontalen orientierten Parabel annimmt. Das allgemeine Gesetz, wonach jede Wurfbahn eine Parabel ist, hat Galilei nicht finden, oder besser, durch mechanische Prinzipien begründen können. Die Lösung der damit verbundenen Schwierigkeiten verfolgte Galilei über viele Jahre vergeblich. Die im persönlichen Exemplar der *Discorsi* aufgefundene Zeichnung einer Parabel und die Beschreibung eines korrespondierenden Experiments weisen auf eine weitere Spur, die zum Ursprung des Experiments und zu Galileis ersten theoretischen Interpretationen führt.

Guidobaldo del Monte, selbst ein bedeutender Theoretiker der Mechanik, wurde früh zum Förderer und Freund Galileis. Er half ihm nicht nur, seine Universitätspositionen in Padua und Pisa zu erhalten, sondern diskutierte mit Galilei auch über die neuen Herausforderungen an eine theoretische Begründung der Mechanik. Mit Galileis Wechsel an die Universität Padua veränderten sich die Anforderungen an den noch jungen Forscher. Zeigten sich in Pisa die Interessen Galileis noch eher klassisch an der Diskussion antiker Autoren orientiert, so dominierten in Padua Herausforderungen durch praktische Fragen aus dem Bereich des Schiffbaus und des Militärwesens. Eine Reihe von Dokumenten belegen, dass Galilei intensiv mit den technologischen Entwicklungen im venezianischen Arsenal beschäftigt war. Hier versuchte die Stadt Venedig ihre Flotte durch effizienten Bau modernster Schiffe zu reformieren und ihre Vormachtstellung auf See zu erhalten. Galilei wurde beispielsweise gefragt, auf welche Weise Ruder am besten anzubringen seien, um minimales Gewicht und trotzdem hohe Beweglichkeit zu garantieren. Die meisten dieser Fragen wurden traditionell durch handwerkliche Erfahrung und geübtes Probieren beantwortet. Doch zeigten sich die quantitativen Methoden der Mechaniker, zumeist auf der Basis der Anwendung des Hebelgesetzes, in manchen Fragen dem experimentellen Probieren überlegen.

Gleiches galt für das Militärwesen, bei dem die technische Weiterentwicklung der Artillerie eine präzisere mathematische Behandlung der Flugbahn der Geschosse forderte. Dieses Praktikerwissen des Arsenals findet auch in den Anfangsseiten der *Discorsi* seinen Ausdruck, als Salviati erklärt, dass die grundlegenden mechanischen Ideen der neuen Wissenschaft des Galilei von einem Arbeiter des Arsenals beim Nachdenken über die Konstruktionsdifferenzen von kleinen und großen Schiffen ausgesprochen worden seien. In dieser Zeit gab Galilei häufig Privatunterricht und wurde als Experte in praktischen mechanischen Belangen konsultiert. Unter seinen hinterlassenen Schriften findet sich auch eine Zusammenstellung aller Themen, die mit militärischen Fragen zusammenhängen. Der Detailreichtum der Gliederung der Schrift lässt vermuten, dass er sich umfassend sowohl vorhandene theoretische Schriften als auch Wissen von den Praktikern der Artillerie aneignete. Eine der zentralen Fragen wird die Bestimmung der Flugbahn eines Projektils abhängig vom Abschusswinkel und der Stärke der Pulverladung gewesen sein. Aus diesem intensiven Bezug zur praktischen Herausforderung an die Wissenschaft der Mechanik dürften die Hauptfragestellungen erwachsen sein, die Galilei zu lösen suchte. An dieser Stelle ergibt sich eine erstaunlich enge Verbindung zum Fund der Seite in Galileis privatem Exemplar der *Discorsi*, auf der mittels einer rollenden Kugel auf einer geneigten Ebene eine Wurfparabel erzeugt wurde.

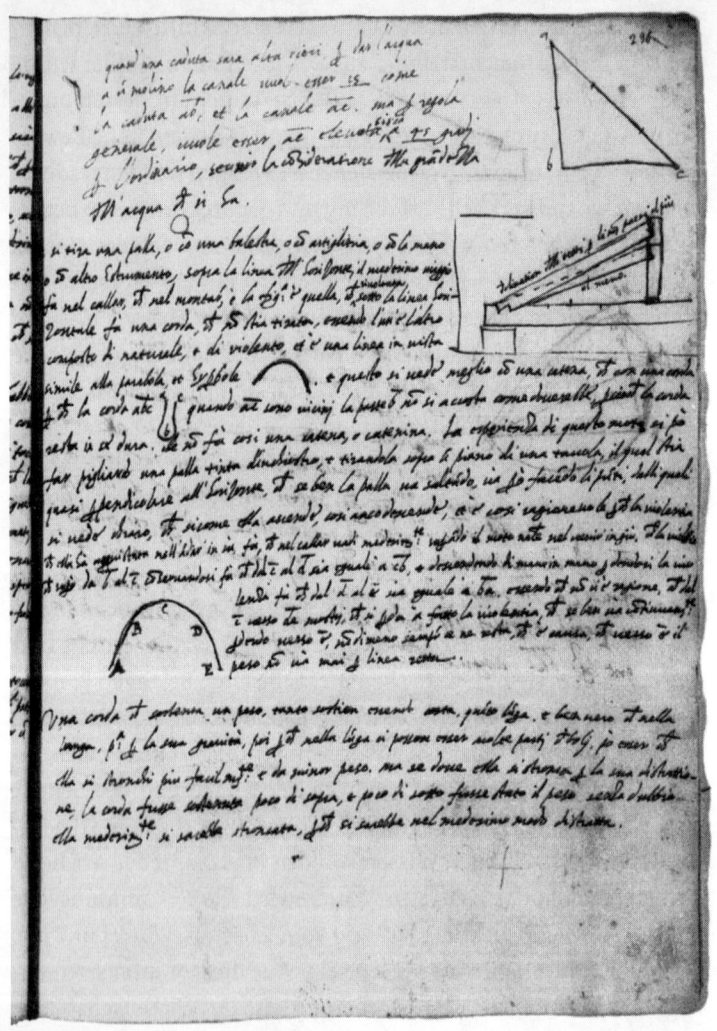

Abbildung 3 / Das Protokoll eines Experiments zur Bahn eines Projektils auf einer schiefen Ebene durch Guidobaldo del Monte, einen Förderer Galileis

Unter den nachgelassenen Schriften von Guidobaldo del Monte findet sich ein Notizbucheintrag, der genau die gleichen Experimente schildert, deren Beschreibung aus der Hand Galileis in seinem Exemplar der *Discorsi* aufgefunden wurde (siehe Abbildung 3). Diese Seite lässt sich datieren; Renn argumentiert überzeugend, dass Galilei und Guidobaldo del Monte im Sommer des Jahres 1592 Experimente zur Bewegung von Projektilen durchführten. Auf dem Notizblatt del Montes findet sich oben rechts die Querschnittszeichnung einer schiefen Platte, die fest auf einer tischähnlichen Unterlage verankert ist und bei der man durch Veränderungen der hinten aufgestellten Stütze unterschiedliche Neigungen einstellen kann. Eingebettet in den erläuternden Text dieser Experimente findet sich auf der unteren linken Hälfte der Seite ein Halbbogen, auf dem die Punkte A als Beginn der Bahn eines Projektils über die Punkte BCD auf der Bahn bis zum Punkt E, dem Ende der Wurfbewegung, eingetragen sind.

Der erstaunliche Befund dieser Untersuchungen ist, dass sich eine Wurfbahn ergibt, die symmetrisch zum Gipfelpunkt der Bahn (C) ist. Dieser Befund wird nicht durch quantitative Messungen begleitet, zumindest werden diese nicht in den Schriften erwähnt. Aber bereits der Befund einer symmetrischen Wurfbahn bringt die traditionellen Theorien des Wurfs in erhebliche Schwierigkeiten. Nach den traditionellen Theorien sollte eine Wurfbahn nämlich so aussehen, dass sie bei einem schrägen Abschuss eine zunächst lang gestreckte schräge Aufstiegsflanke zeigt, bis sich schließlich die Wucht des Geschosses aufgezehrt hat und die Schwerkraft die Kugel in steilem Fall auf die Erde zurückzieht. So hätte es auch die Analyse der Bewegung ergeben, die Galilei noch mit traditionellen mechanischen Konzepten in seinen früheren Schriften untersuchte. Galilei musste schnell erkannt haben, dass nur neue mechanische Prinzipien eine symmetrische Wurfbahn ergeben würden. Bereits aus diesem qualitativen Befund der frühen Experimente Galileis mit Guidobaldo del Monte war das Forschungsprogramm für eine zukünftige neue Mechanik gelegt. Nach welchen mechanischen Prinzipien erklärte Galilei als Nächstes eine Wurfbahn mit symmetrischer Form?

Welche Elemente theoretischen Wissens standen Galilei zur Verfügung, als er mit Guidobaldo del Monte Experimente durchführte? Zum einen hat er in seinen frühen mechanischen Schriften bereits das Prinzip angewandt, wonach man komplexe Bewegungen mechanischer Körper durch die Analyse in Bewegungskomponenten zergliedern kann. Überlagerungen verschiedener Kräfte würden zur Überlagerung von Bewegungen dieser Körper als Wirkungen führen. Um welche Bewegungsformen könnte es sich bei einer Wurfbahn handeln, so wie sie sich auf der geneigten Ebene durch eine Kugel zeigte? Galilei ging bereits zu dieser Zeit davon aus, dass sich eine Kugel, die sich auf einer horizontalen Ebene bewegt, mit konstanter Geschwindigkeit in der gleichen Richtung unbegrenzt weiter bewegen würde. Mit diesem Prinzip hätte er zumindest für eine Teilklasse von Wurfbahnen eine der Bewegungskomponenten identifiziert: Eine horizontal zur Seite gerichtete gleichförmige Bewegung. Das nächste erforderliche theoretische Element ergibt sich fast zwangsweise aus der Symmetrie der Wurfbahn, wie sie sich experimentell ergab. Diese spricht stark dafür, dass die horizontale Bewegungsform tatsächlich eine der Bewegungskomponenten der Wurfbahnen ist. An dieser Stelle gibt es nun mehrere Möglichkeiten, wie die Teile des Puzzles weiter zusammengesetzt wurden. Die zweite Bewegungskomponente sollte mit dem Fall eines schweren Körpers zusammenhängen. Über das Gesetz ungerader Zahlen oder das Fallgesetz wusste Galilei, dass sich diese Bewegung mit konstanter Beschleunigung so fortsetzt, dass die Fallstrecken mit dem Quadrat der Zeit wachsen. Kombiniert man dazu die erste Bewegungskomponente einer konstanten horizontalen Bewegung, ergibt sich als Bahnform die Parabel, was der eifrige Student klassischer geometrischer Texte sicher beherrschte. Es hätte auch andersherum kombiniert werden können, zumal sich aus einer plausiblen parabolischen Form der Wurfbahn und einer konstanten ersten Bewegungsform in der Horizontalen das Fallgesetz als eine Konsequenz ergibt. In welcher Weise auch immer Galilei die Teile des Rätsels zusammenführte, sie mussten

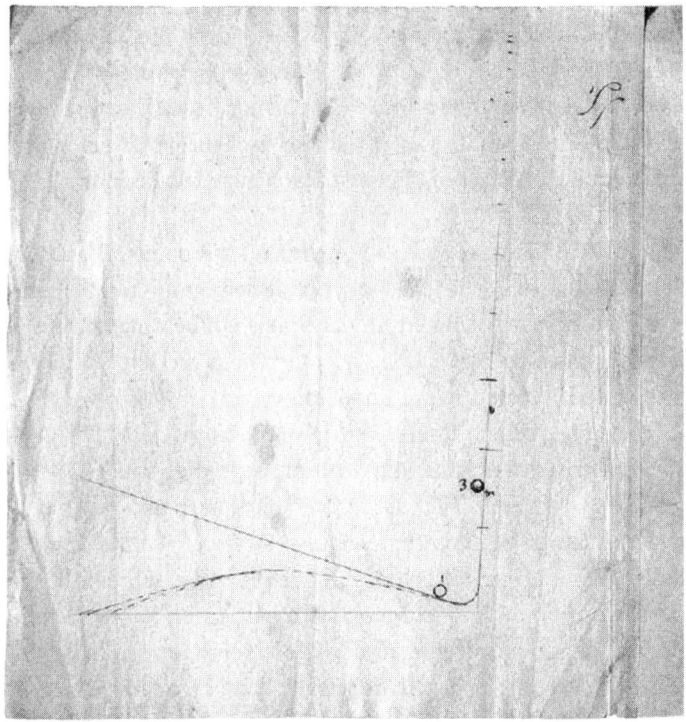

**Abbildung 4** / Eine sorgsam konstruierte und dennoch falsche Bahn eines schräg geworfenen Körpers. Zunächst gewinnt der Körper eine Geschwindigkeit durch den freien Fall (rechte vertikale Linie) und wird dann durch eine Umlenkkonstruktion in eine schiefe Bahn umgelenkt. (Ms. Gal. 72, f. 175v)

sich recht schnell und konsequent aus den Experimenten mit seinem Förderer del Monte ergeben haben.

In einer gewissen Hinsicht also ist es bereits dem jungen Galileo Galilei gelungen, das Fallgesetz und die Wurfparabel aus einer Kombination theoretischer Analysen mechanischer Abläufe und der experimentellen Entdeckung der Symmetrie der Wurfbahnen herzuleiten. Entscheidend war für Galilei jedoch die Suche nach den grundlegenden mechanischen Prinzipien, die die Natur der mechanischen Vorgänge offen legen und aus denen die Wurfbahnen zu folgen haben. Dieses Vorhaben beschäftigte Galilei bis zu seiner letzten Schrift, den *Discorsi*, nahe seinem Lebensende.

Es ergibt sich nämlich noch ein gravierendes Problem. Die resultierende Parabelbahn für eine horizontale Bewegungskomponente ist korrekt beschrieben, aber in der Praxis ein besonderer, leider nicht interessanter Spezialfall. Wie aber sieht die Wurfbahn bei einer schiefen Bewegungskomponente neben der Vertikalen aus? In Abbildung 4 sehen wir eine Seite aus MS 72, auf dem Galilei die Bahn konstruieren möchte, die entsteht, wenn die Kugel zunächst in einem vertikalen Fall auf der rechten Linie nach unten fällt und dann mit einer bestimmten Neigung an einem Umlenkpunkt schräg nach oben geworfen wird. Modern würden wir eine Trägheitsbewegung in Wurfrichtung annehmen, der eine Beschleunigung in Richtung Erdzentrum durch die Schwerkraft überlagert wird. Galilei konnte diesen Schritt noch nicht gehen. Ihm gelang es nicht, und er probierte deshalb verschiedene Kombinationsmöglichkeiten aus, alles durch die horizontale Bewegung und den freien Fall darzustellen. In der Zeichnung (Abbildung 4) sehen wir, dass Galilei mit diesen beiden ausgezeichneten Bewegungsformen die schiefe Wurfbahn konstruieren möchte, aber er sieht schnell ein, dass die resultierende Bahn keine Parabel ist. Dieses jedoch scheint aus den experimentellen Befunden zu folgen.

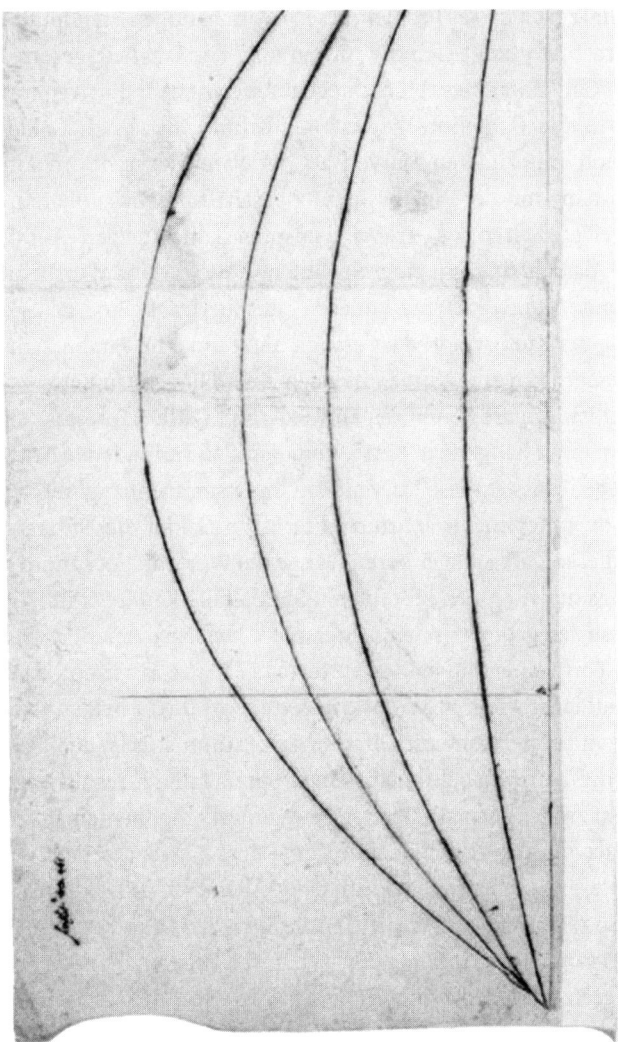

Abbildung 5 / Zwei übereinander gelegte Blätter. Das oben liegende (untere Bildhälfte) zeigt die Darstellung von Wurfbahnen, die von einer unten liegenden Schablone abgezeichnet wurde.

Wie könnte man dieses Problem lösen? Vom heutigen Standpunkt aus betrachtet drängt sich die Anwendung des Trägheitsgesetzes auf – für Galilei war diese Hürde noch unüberwindbar. Ein weiteres Rätsel für die Galileiforscher ist der Befund, dass sich Galilei wiederholt mit anderen Kurven als der Parabel gerade im Zusammenhang mit der Wurfbewegung beschäftigte. Zwei übereinander gelegte Seiten aus den Manuskripten Galileis zeigen (Abbildung 5), dass er sich von einer Schablone eine wie eine Wurfbahn aussehende Kurve auf eine andere Seite überträgt. Eine genaue Messung der Kurve zeigt, dass es sich nicht um eine Parabel handelt, sondern um eine Kurve, die nach einer hängenden Kette gezeichnet ist. Andere Seiten zeigen wiederholt Galileis Interesse an der Form einer hängenden Kette, und damit zu verbinden Notizen belegen, dass er diese Kurvenform im Zusammenhang mit der Wurfbahn untersuchte. Warum unternahm Galilei die Untersuchung dieser Kurve, als er bereits lange die Wurfparabel kannte – allerdings nur für einen besonderen Spezialfall? Kannte er möglicherweise den geometrischen Unterschied zwischen einer Parabel und der Form einer hängenden Kette nicht? Dagegen spricht, dass Galilei auf einer anderen Manuskriptseite sorgsam die beiden Kurven gegenüberstellt und die Differenzen bestimmt. Es ist denkbar, dass er die Wurfparabel nur für einen Spezialfall der resultierenden Bahn zweier ausgezeichneter Bewegungskomponenten ansah und die davon zu unterscheidende Kurve einer hängenden Kette als einen interessanten zweiten oder gar allgemeineren Fall.

So zeigt sich, dass Galileis Entdeckung des Fallgesetzes und der Wurfparabel am Anfang der eigentlichen Untersuchungen der Grundgesetze der Mechanik standen. Sie lieferten mehr Fragen als Antworten, doch liegt gerade darin die große wissenschaftshistorische Bedeutung der Galilei'schen Arbeiten.

## LITERATUR

Peter Damerow, Gideon Freudenthal, Peter Mclaughlin, Jürgen Renn, *Exploring the Limits of Preclassical Mechanics*, New York 1992

Albrecht Fölsing, *Galileo Galilei – Prozess ohne Ende*, München 1989

Galileo Galilei, *Unterredungen und mathematische Demonstrationen über zwei neue Wissenszweige, die Mechanik und die Fallgesetze betreffend: erster bis sechster Tag*, übersetzt von A. v. Oettingen, Frankfurt am Main 1995, zuerst publiziert 1890 – 1904.

Galileo Galilei, *MS 72*, digitale Publikation in http://www.mpiwg-berlin.mpg.de/Galileo_Prototype. Die Abbildungen sind dieser Quelle und Renn, Damerow, Rieger entnommen.

Jürgen Renn, Peter Damerow, Simone Rieger, «*Hunting the White Elephant: When and How did Galileo Discover the Law of Fall?*», *Science in Context*, 13, fasc. $\frac{3}{4}$, 2000. Zitiert wurde aus der Fassung Preprint 97, Max-Planck-Institut für Wissenschaftsgeschichte, Berlin.

# Newtons fundamentale Entdeckung der Zusammensetzung des Lichts*

Friedemann Rex

Licht gibt es, wie wir heute recht genau wissen, in dem von uns überschaubaren Universum seit nahezu 13,7 Milliarden Jahren, ohne dass angesichts dieser unvorstellbar langen Zeitspanne bis vor kurzem auch nur ein einziges irdisch-menschliches Auge vorhanden gewesen wäre, diese kosmische Lichtwerdung knapp 300 000 Jahre nach dem Urknall überhaupt wahrzunehmen.

Immerhin beginnt sich viele Jahrhunderte vor der Jetztzeit auf Erden, wenn wir nun gleich die Jahrmilliarden hinter uns lassen, mit dem Aufkommen der ersten Schriftkulturen eine reichhaltige Literatur auszubilden, in der optische und darüber hinausgehende Fragen um die Themen Licht, Farben, Regenbogen, Sehvorgänge schlechthin von mythologischer, theologischer, philosophischer, frühwissenschaftlicher und schließlich naturwissenschaftlicher Warte aus zunehmend ausführlicher behandelt werden.

Rationale Klärungsversuche bis hin zu einschlägigen Monographien findet man bereits in der griechischen Antike, angefangen bei den Vorsokratikern, gefolgt von Platon, Aristoteles, Euklid, Ptolemäus, um nur ein paar wenige Namen zu nennen, denen im arabischen Mittelalter um 1000 n. Chr. insbesondere Ibn al-Haitham anzuschließen wäre und im lateinischen Mittelalter Vitello (13. Jahrhundert). In der Neuzeit kommen noch vor Newton mehrere Dutzend Verfasser optischer Werke hinzu, darunter so namhafte Autoren wie Johannes Kepler, René Descartes, Robert Boyle, Robert Hooke.

---

* Veröffentlicht in seiner Erstlingsschrift von 1672

Abbildung 1 | Newton
als Bachelor of Arts im
Trinity College, Cambridge,
Mitte der 1660er Jahre

Und da praktisch alle diese Originalarbeiten, soweit sie jedenfalls in den gängigeren westlichen Wissenschaftssprachen vorliegen, in Hunderten wissenschaftshistorischer Einzeluntersuchungen und Zusammenfassungen zumindest teilweise schon bestens erschlossen sind, weiß man über das Vorfeld von Newton und auch über seine eigenen Beiträge bis in die Details hinein ziemlich gut Bescheid. Insofern schießt also das viel zitierte hübsche Couplet von Alexander Pope

> «*Nature and Nature's Laws lay hid in night;*
> *God said, Let Newton be! – And all was light*»

doch um einiges über das Ziel hinaus, zumal man nicht aus den Augen verlieren sollte, dass sich selbst wesentliche wissenschaftliche Fortschritte in der Regel nicht in griffigen Paradigmenwechseln, sondern eher behutsam ganz allmählich, Nuance für Nuance zu vollziehen pflegen. Gleichwohl steht es selbstverständlich außer Frage, dass Isaac Newton, von dem hier ja nur ein winziger Ausschnitt aus und zu seiner 13-seitigen Erstveröffentlichung von 1672 zur Sprache kommen kann, eine der ganz großen Lichtgestalten der Physik ist, selbst wenn seine Lebensleistung «nur» darin bestünde, mit der traditionellen Auffassung, Licht sei etwas absolut Elementares (wie zu seiner Zeit ja auch noch Luft und Wasser), aufgeräumt zu haben.

Als Newtons *Neue Theorie über Licht und Farben*, die er eigens zur Verlesung und Diskussion in der 1662 gegründeten Royal Society in konzentrierter Form zusammengestellt hatte, kurz darauf als seine viel gerühmte Erstpublikation in deren Organ, den «Philosophical Transactions», einer der frühesten wissenschaftlichen Zeitschriften überhaupt (seit 1665), das Licht der Welt erblickte, war er bereits 29 Jahre alt, Professor der Mathematik (seit 1669) und aufgrund eines selbst verfertigten (zweiten) Spiegelteleskops, das der Royal Society übermittelt worden war, frisch gewähltes Mitglied dieser gelehrten Gesellschaft, also beileibe kein Anfänger mehr.

Doch bevor wir uns einigen näheren Einzelheiten zuwenden, ist es vielleicht nicht unzweckmäßig, Newtons sehr selbstbewussten eigenen Anspruch und das erstmals zum Druck beförderte Hauptergebnis seiner optischen Ausgangsuntersuchungen, die ja bereits Jahre zurückliegen, anhand dreier einschlägiger Briefstellen mit unmittelbarem Bezug auf diese Erstschrift schon einmal kurz zu umreißen:

1. Ohne auf die Sache selbst einzugehen, spricht Newton in dem Ankündigungsschreiben an Henry Oldenburg, den Sekretär der Royal Society, schlichtweg von der seltsamsten (oddest),

um nicht zu sagen: wichtigsten (most considerable) Entdeckung, die über die Wirkungsweise der Natur bisher gemacht worden sei.

Und da Newton in der eingereichten Arbeit diese Formulierungen vom Monat zuvor nicht mehr aufgreift, wird man seine betonte Hervorhebung von etwas völlig Unerwartetem wohl am ehesten unmittelbar darauf beziehen dürfen, dass sich das bis dahin allgemein für einheitlich-einfach gehaltene Sonnenlicht als für ihn ohne jeden Zweifel vielfach zusammengesetzt entpuppt hat, während die farbigen Lichter sowohl beim Prisma als auch beim Regenbogen nunmehr als das Elementarere angesehen werden müssen, sodass also offenbar aus einer Vereinigung von lauter farbigen Bestandteilen etwas Farbloses gebildet werden kann: eben das schiere «weiße» Licht.

2.  In der brieflichen Fassung der *Neuen Theorie* an Oldenburg liest man dann noch eine nicht nur beiläufige Bemerkung Newtons, die zwar im Erstdruck ausgespart worden ist, auf die er aber der Sache nach auch in späteren Briefen immer wieder zurückkommt: dass nämlich durch diese seine Entdeckung die bislang nur qualitative Farbenlehre auf den Weg zu einer regelrecht mathematisch-quantitativen Wissenschaft gebracht worden sei. Und das ist ja in der Tat mit der wechselseitigen Zuordnung von jeweils eindeutiger, mit Zahlen belegbarer Brechbarkeit eines singulären farbigen Lichtstrahls und jeweils eindeutiger Farberscheinung «eineindeutig» der Fall, wie die Mathematiker einen solchen Sachverhalt gerne nennen.

3.  Und um sich all dessen mit einem Schlag versichern zu können, bedürfe es nicht im Mindesten vieler Experimente, vielmehr genüge dafür ein einziger entscheidender Versuch, eben das *experimentum crucis*, das ja gewissermaßen als der Dreh- und Angelpunkt des vorliegenden Beitrags zu betrachten ist.

Neben dem Himmelsblau, dem Morgen- und Abendrot konnte gewiss seit eh und je der Regenbogen allgemeinster Aufmerksamkeit sicher sein, und irgendwelche Zusammenhänge zwischen Sonnenlicht, Regenwand und Farberscheinungen mochten durchaus auch schon in vorwissenschaftlicher Zeit aufgefallen sein. Aber selbst die ja noch vornewtonische Klärung der Brechungs- und Reflexionsverhältnisse im Regentropfen bedeutet – und an dieser Stelle scheiden sich die Geister nun wirklich – noch keineswegs, dass man somit die Farblichter des Regenbogens als im Sonnenlicht bereits vorvorhandene Fertigkomponenten in Erwägung gezogen hätte. Hier dominieren vor Newton (und zum Teil sogar noch lange nach ihm, wofür als markantestes Beispiel bekanntlich J. W. Goethe zu nennen wäre) Vorstellungen irgendwelcher Modifizierungen des in seiner Elementarität vollkommen unangetastet bleibenden Sonnenlichts.

Ebenso verhält es sich, wenn wir nun vom Regentropfen zu anderen Mittelgliedern zwischen Sonnenlicht und Farbphänomenen übergehen, also etwa zu Rändern von gebrochenem Glas, zu Linsen und zu Prismen. (Eine solche Analogie zwischen dem Regenbogen und dem Farbenspiel bei einem von der Sonne durchstrahlten gläsernen Keil wurde übrigens schon vor 2000 Jahren schriftlich festgehalten, z. B. bei Seneca). Auch hier schließt die historisch ja mehrfach bezeugte Registrierung von Farberscheinungen noch lange nicht den Schluss auf eine Vorexistenz der aufgetretenen Farben im Ausgangslicht ein.

Erstlingsdrucke, zumal relativ späte und solche von außergewöhnlichen Persönlichkeiten, sind meist in nicht nur einer Hinsicht von ganz besonderem Reiz. Für Neugier, Spannung und Vorausinformation sorgt in unserem Fall schon einmal der Herausgeber Oldenburg mit der zusammenfassenden Inhaltsangabe:

«*Ein Brief von Herrn Isaac Newton, Mathematik-Professor an der Universität Cambridge, enthaltend seine Neue Theorie über*

*Licht und Farben: worin Licht als nicht gleichartig oder homogen
erklärt wird, sondern als aus verschiedenartigen Strahlen bestehend, von denen (jeweils) die einen stärker brechbar seien als die
anderen: und worin behauptet wird, Farben seien nicht (irgendwelche) Qualifizierungen des Lichts, herzuleiten aus Brechungen
in natürlichen Körpern (wie allgemein angenommen wird),
sondern ursprüngliche und angestammte Grundeigenschaften,
die in unterschiedlichen Strahlen unterschiedlich seien: und
worin einige Beobachtungen und Experimente angeführt werden,
um die besagte Theorie zu bestätigen.»*

So weit also der dem Text entnommene editorische Vorspann.
Newton selber nennt gleich eingangs als einzige konkrete Zeitan-
gabe das Jahr 1666, in dem er sich ein Prisma verschafft habe, «um
damit die berühmten Farbphänomene zur Entscheidung zu bringen». Er war damals, wie hier ebenfalls zu lesen ist, mit dem
Schleifen nichtsphärischer optischer Gläser (für Fernrohre) befasst
(und Prismen mit ihrer ansteigenden Glasdicke sind ja in gewisser
Weise Vorformen von Linsen). Weiter hinten im Zusammenhang
mit dem Bau seines (ersten) Spiegelteleskops spielt er noch auf die
mehr als zweijährige Unterbrechung seiner Arbeiten in Cambridge
während der dortigen Pestzeit an, als er sich in seinen Geburtsort
Woolsthorpe zurückzog, wo ihm freilich nach eigenem Zeugnis
eine sehr kreative und ertragreiche Lebensphase mit vorwiegend
mathematischen, aber auch mechanischen und optischen Studien
beschieden war. Ohne hier nun zu sehr ins Detail zu gehen, seien in
aller Kürze wenigstens noch ein paar weitere Anhaltspunkte zu
Newtons Anfängen mitgeteilt:

Da England seinerzeit noch nicht auf den heutigen Kalender
übergegangen war, der ja zur Korrektur vorausgegangener Zuviel-
schaltung auf den 4. Oktober 1582 sogleich den 15. hat folgen lassen, wird das Geburtsjahr Newtons, der nach altem Stil am 25. Dezember 1642 (julianisch) als Halbwaise geboren wurde (sein Vater

war zwei Monate zuvor gestorben), zusätzlich oder auch ausschließlich mit 1643 (gregorianisch) angegeben.

Noch bevor ihm 1661 nach nicht gerade unbeschwerten Jugendjahren der Eintritt als Stipendiat ins Trinity College ermöglicht worden war, zeigte er ein sehr lebhaftes Interesse für Farben, und zwar zunächst für Rezepturen zur Herstellung von Malfarben, Tinten, Salben, Pulvern, wie seine frühesten Notizbuch-Eintragungen aus der Schulzeit in Grantham ausweisen, wo er bei einem Apotheker Unterkunft gefunden hatte. Newtons erste Beobachtungen mit einem Prisma um 1664 wandten sich dann der Betrachtung von Körperfarben zu und schließlich den prismatischen Erscheinungen im engeren Sinn.

Den optischen Kenntnisstand der Zeit eignete sich Newton im Wesentlichen durch die von Auszügen und Anmerkungen begleitete Lektüre des Dreigestirns Descartes, Boyle und Hooke an, denen er die meisten Anregungen bis hin zu eigenen Experimenten verdankt, ohne sich indessen mit deren jeweiligen Theorien anfreunden zu können.

Unbekannt geblieben sind Newton selbstverständlich die seinerzeit noch nicht veröffentlichten optischen Studien des englischen Mathematikers Thomas Harriot um die Wende zum 17. Jahrhundert, aber auch die 1648 erschienenen Prismenversuche des Prager Medizinprofessors Marcus Marci von Kronland, zu denen einige Thesen gehören, die rein formal durchaus an Newton anklingen, z. B. «Unterschiedliche Lichtbrechungen verursachen unterschiedliche Farben. ... Weder können einunddieselbe Farbe aus unterschiedlicher Brechung herrühren noch aus einundderselben Brechung mehr(ere) Farben. ... Eine weitere Reflexion eines gefärbten Strahls ändert die Art der Farbe nicht. ... Eine weitere Brechung eines gefärbten Strahls ändert die Art der Farbe nicht.»

Von irgendeiner Zusammensetzung des weißen Lichts aus farbigen Strahlen ist bei Marcus Marci freilich auch nicht die geringste Spur zu finden, sodass, wenn überhaupt, nur mit erheblicher Einschränkung von einer allenfalls sehr bedingten Teilvorwegnahme Newtons gesprochen werden kann.

In dem Bericht von 1672 hält Newton seine vor 1666 angestellten prismatischen Versuche seltsamerweise nicht für erwähnenswert, die unter anderem deutlich sichtbar gemacht hatten, dass ein halb blau und halb rot angestrichener Draht bei der Betrachtung durch das Prisma in eine stärker gebrochene blaue und eine weniger gebrochene rote Hälfte zerfiel, obwohl gerade eine solche Beobachtung, an die er sich sonst immer wieder erinnert und die in der von ihm studierten Fachliteratur noch nicht anzutreffen ist, fast als eine Art latentes Schlüsselerlebnis gewertet werden kann, ohne dass freilich schon 1664 irgendein erkennbarer Ansatz zur späteren Theorie nachzuweisen wäre.

Als Isaac Barrow, Newtons Förderer und Vorgänger als Professor, der in Cambridge über Optik las und Newtons Talente früh erkannt hatte, die Fertigstellung seiner Vorlesungen für den Druck ins Auge fasste, zog er Newton mit heran. Dabei kam es von Newtons Seite zwar zu der einen oder anderen kleineren Korrektur, aber offenbar zu keinerlei weitergehendem Gedankenaustausch oder gar Einbau von Newtons mittlerweile konkretisierten neuartigen Befunden über Licht und Farben. Nachdem Barrow dann 1669, im Erscheinungsjahr seiner Vorlesungen, zu Gunsten von Newton die mathematische Professur aufgab (Bibel und Kanzel erschienen ihm jetzt wichtiger als Euklid und Lehrstuhl), hielt Newton vorerst am Lehrstoff Optik fest, arbeitete aber nunmehr seine eigenen Vorlesungen aus. Sie sind die Quelle, aus der nicht nur die *New Theory* von 1672 schöpft, sondern auch noch die ausgebauten *Opticks* von 1704.

Als Zwischenbilanz im Hinblick auf Newtons Erstdruck von 1672 ergibt sich also: Das Grundphänomen der prismatischen Farben als solches ist längst bekannt und hat schon die verschiedensten Deutungen erfahren, die jedoch praktisch alle darin übereinstimmen, dass die Sonne ein absolut einheitliches, nicht zusammengesetztes Licht aussende, das dann irgendwie modifiziert werden könne. Und Newtons Aufzeichnungen von 1664/65 unter den Stichwörtern Licht, Farben, Sehen, Reflexion, Refraktion mit gelegentlichen Zeichnungen (sogar unter Einbeziehung des Prismas) erreichen 1665/66 in einem 22-seitigen Manuskript über (Körper- und Prismen-)Farben einen ersten Höhepunkt noch vor seinen optischen Vorlesungen von 1670/72, die in zwei ausformulierten, zu Newtons Lebzeiten jedoch nicht publizierten Versionen erhalten geblieben sind.

Auf der Basis dieses umfangreichen Materials aus jahrelangen Vorarbeiten machte nun Newton 1672 als repräsentativen Auszug seine *Neue Theorie über Licht und Farben* druckfertig, die er offensichtlich mit einem Minimum an Experimenten, Zeichnungen und Voraussetzungen schlechthin pädagogisch eingängig zu bestreiten sucht. Am Anfang steht, im Erzählstil beginnend und ohne eine Zeichnung, die er ja unschwer aus seinen Vorlesungsunterlagen hätte übernehmen können, die wohlbekannte Grunderscheinung:

Durch ein kleines Loch (F) im Fensterladen eines verdunkelten Zimmers fällt Sonnenlicht (von O) auf ein Prisma (A *alpha* B *beta* C *kappa*), und auf der Gegenwand erscheint, mehrfach so lang (PT) wie breit (YZ), was in dem Diagramm nicht so recht zum Ausdruck kommt, das *Spectrum*, um hier gleich den von Newton neu eingeführten Terminus zu gebrauchen.

Klärungsbedürftig sind aber nun in der von Newton gewählten Vorgehensweise zunächst gar nicht die spektralen Einzelfarben, sondern die (etwa fünffach) in die Länge gezogene, rein geometrische Form der Wanderscheinung, die (bei möglichst symmetrischem Durchgang eines Lichtstrahls durch ein Prisma und senkrechtem Auftreffen auf einem Schirm) gemäß dem spätestens seit

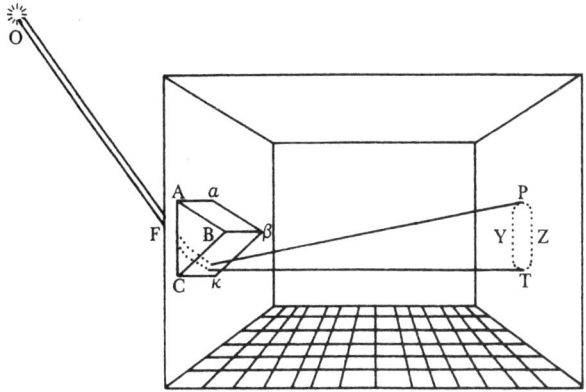

Abbildung 2 / Nachzeichnung nach einer Vorlage von Newton in A. E. Shapiro *The Optical Papers of Isaac Newton*, Vol I, Cambridge University Press 1984, S. 50

Descartes (1637) allgemein bekannten korrekten Brechungsgesetz nicht langgezogen, sondern kreisförmig zu erwarten war und bei den Beobachtungen vor Newton vermutlich auch so gesehen wurde, indem sich nämlich die Auffangfläche viel zu nahe am Prisma befand. Die Längsausdehnung wird ja erst mit wachsendem Abstand des Schirms vom Prisma zunehmend auffälliger. Und genau dies ist der springende Punkt, an dem Newton ansetzt, seine eigentliche Primärentdeckung.

Bei allen möglichen Variationen der Versuchsanordnung wie Größenveränderung beim Einfallsloch, Umpositionierung des Prismas, Einbeziehung eventueller Glasfehler und eines vielleicht nicht mehr geradlinigen Strahlenverlaufs nach Austritt aus dem Prisma wie bei einem mit Spin versehenen Tennisball und dergleichen blieb die Längsform des Erscheinungsbildes allenthalben grundsätzlich bestehen. Und da kommt nun bei Newton das in den Naturwissenschaften so bewährte Prinzip der Eingrenzung zum Zuge:

Man rückt jetzt das in dieser Form als solches akzeptierte Erscheinungsbild selbst in den Mittelpunkt, sucht dessen Bestandteile zu isolieren und einzeln einer entsprechenden aussagekräftigen Weiterbehandlung zu unterwerfen. Im konkreten Fall heißt das:

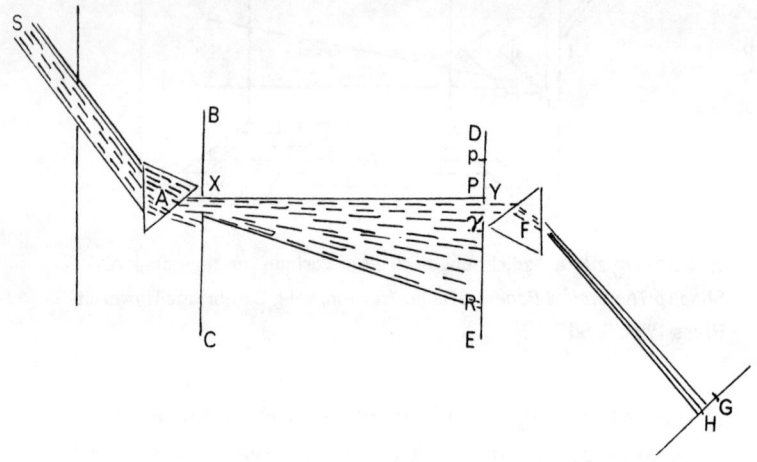

Abbildung 3 / Nachzeichnung nach einer Vorlage von Newton in J. A. Lohne, *Experimentum Crucis*, Notes and Records of the Royal Society of London 23 (1968), S. 181

Hinter dem Ausgangsprisma (A) wird eine Wand (BC) mit kleiner Öffnung (X) angebracht, sodass vom Austrittslicht dieses ersten Prismas (A) nur ein Teil ausgefiltert wird, der dann in einem gewissen Abstand durch ein zweites Loch (Y) in einer weiteren Wand (DE) nochmals reduziert auf ein zweites Prisma (F) fällt und erneut gebrochen auf einen Schirm (GH) trifft. Die beiden Lochwände, das zweite Prisma und der Auffangschirm sind fixiert, das erste Prisma hingegen wird beweglich gehalten, sodass das erstgebrochene Gesamtlicht portionenweise ausgesondert werden kann und auf dem Endschirm an jeweils eigener Stelle in Erscheinung tritt, was die Längsform als Folge unterschiedlicher Brechung isolierter Teilstrahlen überzeugend erklärt:

Derjenige Lichtanteil, der durch das erste Prisma am stärksten gebrochen wird, erfährt auch durch das zweite Prisma die stärkste Brechung (in Richtung H), und Entsprechendes gilt für die Lichtanteile jeweils schwächerer Brechung (in Richtung G).

Dies ist nun Newtons viel berufenes *experimentum crucis*, welches das gewöhnliche Licht als etwas Zusammengesetztes für ihn absolut zwingend macht, bestehend aus lauter Strahlen graduell verschiedener Brechbarkeit, die je einzeln dem Brechungsgesetz genügen und infolgedessen unabhängig vom Einfallswinkel an unterschiedlichen Schirmstellen auftreffen.

Dem Physiker Newton kommt es in dieser ersten Hälfte seines Traktats sichtlich darauf an, ein rein physikalisches Faktum, nämlich die im Prinzip zahlenmäßig genauestens zu kennzeichnende Brechbarkeit, in den Vordergrund zu rücken und von Farben vorerst noch so gut wie überhaupt nicht zu reden. Den Ausdruck *experimentum crucis*, der für schlag- und beweiskräftige Versuche dieser Art nicht allein in den naturwissenschaftlichen Sprachgebrauch eingegangen ist, hat Newton direkt der *Micrographia (1665)* von Hooke entnehmen können, der ihn seinerseits aus *instantiae crucis* (was so viel bedeutet wie etwa: Entscheidungen an einer Verzweigungsstelle) und *experimenta lucifera* (erhellende Versuche) bei Francis Bacon (1620), dem geistigen Ahnherrn der Royal Society, verkürzt hat. Dass Newton in der Originalschrift von 1672 selbst beim *experimentum crucis* auf eine Zeichnung verzichtet, die er erst ein paar Monate später brieflich nachreicht, mag damit zusammenhängen, dass es eine unmittelbar verwertbare Vorlage in den vorangehenden Manuskripten so noch gar nicht gibt. Nebenbei bemerkt, wandelt Newton auch diese Skizze vom Sommer 1672 noch wiederholt ab und lässt in späteren Veröffentlichungen die (Hooke'sche) Bezeichnung *experimentum crucis* überhaupt gänzlich weg. Der Sache nach bleibt bei Newton freilich das experimentelle Hauptargument als solches voll gültig.

Nachdem also nun im vorderen Teil von Newtons klassischem Erstbeitrag ein Sonnenstrahl als Bündel verschiedenartiger Einzelstrahlen charakterisiert worden ist, von denen jeder den ihm eigenen Grad der Brechbarkeit hat, ist das Thema des zweiten Teils etwas noch Merkwürdigeres, das sich mit der je individuellen Brechbarkeit verknüpft: der Ursprung der Farben. An dieser Stelle seiner Abhandlung, wo sich die Mathematisierbarkeit der Farbenlehre schon deutlich abzuzeichnen beginnt, verlässt Newton einer Straffung des Materials zuliebe die historisierende Darstellung und gibt vorab in 13 Punkten einen Überblick über die Lehre, die dann aber noch in einem einfachen, doch eindrucksvollen Experiment eine Krönung erfährt.

Im Folgenden mag es genügen, die einzelnen Punkte so knapp wie möglich vorzustellen:

1. So wie sich die Lichtstrahlen nach Graden der Brechbarkeit unterscheiden, tun sie es auch nach ihrer Anlage, diese oder jene besondere Farbe zu zeigen. Und es gibt nicht nur besondere Strahlen für die Hauptfarben, sondern auch für alle Zwischenstufen.

2. Zu demselben Grad der Brechbarkeit gehört immer dieselbe Farbe und umgekehrt. Den Strahlen mit der schwächsten Brechbarkeit entspricht die Anlage Rot und umgekehrt. Und Entsprechendes gilt über sämtliche Zwischenstufen hinweg bis hin zum Paar stärkster Brechbarkeitsgrad / dunkelviolett.

3. Die einer bestimmten Strahlenart eigentümliche Farbe und Brechbarkeit werden durch weitere Brechungen, Reflexionen etc. nicht verändert.

4. So wie eine feine Pulvermischung aus Blau und Gelb dem unbewaffneten Auge als grün erscheint, unter dem Mikroskop jedoch die Ursprungsfarben offenbart, haben Mischfarben aus

unterschiedlichen Strahlenarten keinen Bestand, wenn man sie einer Brechung usw. unterwirft.

5. Es gibt demnach zwei Arten von Farben: (a) ursprüngliche, einfache oder primäre wie Rot, Orange, Gelb, Grün, Blau, Indigo, Violett nebst einer unbegrenzten Vielfalt an Zwischenstufen und (b) zusammengesetzte.

6. Eine Farbe wie Grün kann so einerseits Originalfarbe sein oder andererseits Mischfarbe aus den unmittelbaren Nachbarn Gelb und Blau, aber z. B. nicht aus Orange und Indigo.

7. «Weiß» hingegen, «die überraschendste und wunderbarste Zusammensetzung», vermag nicht von einer einzigen Strahlenart allein gezeigt zu werden, sondern – und da denkt Newton wohl sofort wieder an das Sonnenlicht – ist das ausgewogene Mischungsprodukt aller Primärfarben, wobei er sozusagen stillschweigend «weißes Licht» im streng physikalischen Sinn einer energiegleichen Mischung über den gesamten sichtbaren Spektralbereich hinweg versteht, ohne die Bildung von «Weiß» aus Komplementärfarben überhaupt anzusprechen.

8. «Weiß» ist also die gewöhnliche Farbe des Lichts ohne Vorherrschaft irgendeiner Einzelfarbe, wie es etwa bei der blauen Schwefelflamme oder dem gelben Kerzenlicht der Fall ist.

9. Prismatische Farbenphänomene einschließlich Längsausdehnung und gewisse Unschärfen sind Folgen ungleicher Strahlenbrechung.

10. Beim Regenbogen gelangen die meisten Strahlen mit der geringsten Brechung von der Außenseite des Hauptbogens und der Innenseite des Nebenbogens als Rot ins Auge des Beobachters.

11. Farbwechsel etwa bei dünnem Blattgold ergeben sich aus Reflexion (gelb) und Durchlass (blau).

12. Ein Versuch von Hooke, mit dessen Deutung dieser auf der gewohnten Basis eines wie auch immer farblich modifizierten ungemischten Einheitslichts nicht zurande gekommen war,

erklärt sich für Newton, der hier seinen Kollegen Hooke als Einzigen im ganzen Aufsatz namentlich erwähnt, sozusagen von selbst: Wenn ein keilförmiges Glasgefäß mit einer Flüssigkeit, die nur Rot durchlässt, und ein zweites, dessen Füllung nur Blau durchlässt, miteinander kombiniert werden, dringt verständlicherweise überhaupt kein Lichtstrahl mehr durch.

13. Die Farben aller natürlichen Körper sind Reflexionserscheinungen und haben ihren Ursprung in der unterschiedlichen Fähigkeit, eine bestimmte Lichtart in stärkerem Maße zu reflektieren als die übrigen.

Obwohl Newton zu dieser Zeit von seiner atomistischen Jugendlektüre her der Auffassung zuneigt, Licht könne aus je nach Farbwirkung verschieden großen Kügelchen bestehen, legt er allergrößten Wert darauf, bloße «Vermutungen nicht mit Gewissheiten zu vermischen» und unabhängig von Hypothesen nur die Experimente sprechen zu lassen. Er konnte sehr ungehalten werden, wenn man ihm seine Unterscheidungen nicht einfach abnahm und seinen «Gewissheiten» den Charakter von «Hypothesen» unterstellte.

Nachdem Newton schon zu Anfang seines Artikels bei den Voruntersuchungen, ob die Länglichkeit des Spektrums vielleicht auf konventionellere Weise erklärt werden könne, ein Experiment beschrieben hatte, in dem ein zweites umgekehrtes Prisma die Wirkung des ersten wieder aufhob, als ob das Sonnenlicht überhaupt keinen Körper durchlaufen hätte, führt er nun gegen Ende des Traktats und jetzt mit Zeichnung einen höchst einfachen Versuch vor, der auf simple Weise Ausgangsspektrum, Vereinigung zu «Weiß» und umgekehrtes Spektrum sichtbar macht:

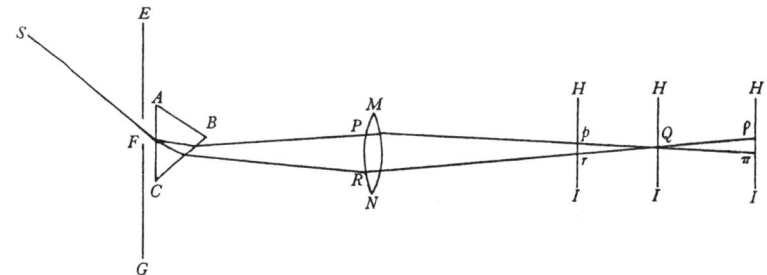

Abbildung 4 / Nachzeichnung nach einer Vorlage von Newton in H. W. Turnbull *The Correspondence of Isaac Newton*, Vol I, Cambridge University Press 1959, S. 101

Der Sonnenstrahl (S) trifft durch die Öffnung (F) des Fensterladens (EG) auf ein fixiertes Prisma (ABC) und erreicht mit der stärksten (P) und schwächsten Brechung (R) eine ebenfalls fixierte Linse (MN). Auf einem beweglichen Blatt Papier (HI) kann nun im Schnittpunkt (Q) die Wiedervereinigung zu «Weiß» sowie davor und dahinter sowohl Blau / Violett (p *pi* ) als auch Rot / Gelb (r *rho*) unmittelbar vor Augen geführt werden.

Im letzten Satz seiner «Hinführung zu Experimenten dieser Art», wie Newton abschließend sagt, ermuntert er zwar ausdrücklich zu Überprüfungen und Kritik, hatte aber in vielleicht allzu großer Selbstsicherheit doch wohl eher mit unmittelbarer Zustimmung von Gelehrten wie Hooke und Huygens gerechnet als mit insgesamt jahrelangen Debatten. Dabei hatte Newton vor allem nicht genügend bedacht, dass der in der Royal Society als Kurator der Experimente und auch persönlich überaus dominante Robert Hooke nicht nur versuchen werde, seine – Newtons – unbezweifelbaren Experimente mit seiner eigenen zwar komplizierteren, aber deutlich nicht-korpuskularen Theorie in Einklang zu bringen, sondern dass ihm dies auch bis zu einem gewissen Grad gelingen könne. Es ist jedenfalls wohl nicht ganz von ungefähr, dass Newtons ausführliches Lehrbuch der Optik erst 1704, also nach dem Tod von Hooke im Jahr zuvor, auf den Markt kam.

Obschon auch Newtons frühes Farbeninteresse im Zusammenhang mit der Malerei zu sehen ist, wird er in diesem vorwiegend ästhetischen Ausgangspunkt von seinem späten Kritiker Goethe ohne jeden Zweifel bei weitem übertroffen. In rein physikalischer Hinsicht freilich befindet sich, wie allgemein bekannt, der große Streiter zugunsten der althergebrachten Homogenität des Lichts noch ein bis anderthalb Jahrhunderte nach Newton mit dieser «Wahrheit» nicht auf der Gewinnerseite.

Denn wie sagt doch jener weise Pater Adalbert Martini bei Konrad Lorenz so wunderbar schlicht wie undogmatisch? – «Wahrheit ist derjenige Irrtum, der sich als der beste Wegbereiter zum nächst kleineren erweist».

# Cavendishs Torsionswaagenexperiment und die Bedeutung der Gravitationskonstanten

Heinz Dehnen

## Newton'sche Gravitationstheorie

Das Geburtsdatum der Physik als exakte Naturwissenschaft lässt sich aufs Jahr genau angeben: Es ist das Jahr 1687, in welchem Isaak Newton seine *Philosophiae naturalis principia mathematica* veröffentlichte. Darin formulierte er zum ersten Mal seine drei Grundprinzipien der Mechanik und wandte sie zugleich mit Erfolg auf die Schwerkraft an.

Das 2. Newton'sche Grundprinzip stellt den Impulssatz dar und beschreibt die Bewegung eines Massenpunktes unter dem Einfluss äußerer Kräfte. Es besagt, dass die zeitliche Änderung des Impulses $\vec{p}$ eines Teilchens gleich der einwirkenden Kraft $\vec{K}$ ist; mathematisch formuliert:

$$(1) \quad \frac{d}{dt}\,\vec{p} = \vec{K}.$$

Hierin ist der Impuls $\vec{p}$ definiert als das Produkt der trägen Masse $m_t$ des Teilchens mit seiner Geschwindigkeit $\vec{v}$, die als zeitliche Änderung der Ortsposition $\vec{x}(t)$ des Teilchens gegeben ist:

$$(2) \quad \vec{p} = m_t \vec{v} = m_t \frac{d}{dt}\,\vec{x}\,(t).$$

Die äußere Kraft $\vec{K}(\vec{x}, t)$ ist als Funktion des Ortes $\vec{x}$ des Teilchens und der Zeit $t$ vorzugeben, z. B. als elektrische Kraft oder eben als

Gravitationskraft. Dann ist nach Lösen der Differenzialgleichung für $\vec{x}(t)$, die sich nach Einsetzen von (2) in (1) ergibt, die Bahn $\vec{x}(t)$ des Teilchens bekannt nach Vorgabe der trägen Masse $m_t$ sowie der Anfangsposition $\vec{x}_0(t_0)$ und der Anfangsgeschwindigkeit $\vec{v}_0(t_0)$ des Teilchens zur Startzeit $t_0$. Dabei stellt gemäß (1) und (2) die träge Masse den Trägheitswiderstand des Teilchens gegenüber der Beschleunigung durch äußere Kräfte dar und ist heute durch das Pariser Urkilogramm definiert.

Natürlich hat Newton seine Grundgesetze weitschweifiger formuliert, als wir das heute in Gestalt der Formeln (1) und (2) tun; musste er hierzu doch damals erst noch die Differenzialrechnung entwickeln, die wir in (1) und (2) vorausgesetzt haben. Bei der nun folgenden Beschreibung der Newton'schen Theorie der Schwerkraft werde ich die moderne Formulierung beibehalten.

Die Schwerkraft $\vec{K}(\vec{x}, t)$ ist definiert als das Produkt aus schwerer Masse $m_s$ des Teilchens und der Gravitationsfeldstärke $\vec{F}(\vec{x}, t)$ am Ort des Teilchens, also mathematisch:

(3) $\quad \vec{K}(\vec{x}, t) = m_s \vec{F}(\vec{x}, t)$.

Es ist demnach prinzipiell zu unterscheiden zwischen der trägen Masse $m_t$, die den Trägheitswiderstand gegenüber Beschleunigungen jeglicher Art darstellt, und der schweren Masse $m_s$, die die Schwerkraft auf das Teilchen bei gegebener Gravitationsfeldstärke $\vec{F}$ bestimmt gemäß (3). Die Gravitationsfeldstärke $\vec{F}(\vec{x}, t)$ ist letztlich durch die Feldgleichung

(4) $\quad \vec{\nabla} \vec{F}(\vec{x}, t) = -4\pi G \varrho_s(\vec{x}, t)$

festgelegt, wonach die Dichteverteilung $\varrho_s$ der schweren Massen in Umgebung des Teilchens die Quelle des Gravitationsfeldes darstellt. Hierin ist G die so genannte Gravitationskonstante, die die

Stärke $\vec{F}$ des Gravitationsfeldes am Orte $\vec{x}$ zur Zeit t als Folge der Massendichte bestimmt. Sie muss experimentell im Labor ermittelt werden, was zuerst Henry Cavendish 1798 mittels seines berühmten Torsionswaagenexperiments mit hinreichender Genauigkeit gelungen ist, worauf wir noch ausführlich eingehen. Newton verfügte seinerzeit nur über eine grobe Abschätzung von G infolge der Abweichung eines Bleilots von der Vertikalen in der Nähe eines großen Berges. Im Übrigen beschreibt Gleichung (4) die Gravitation als Fernwirkung, indem der Einfluss der Dichteverteilung $\varrho_s$ auf die Feldstärke $\vec{F}$ zeitlich instantan übertragen wird, was der speziellen Relativitätstheorie widerspricht. Die dargestellte Newton'sche Theorie ist also nur auf zeitlich langsam ablaufende Vorgänge anwendbar ($|\vec{v}| \ll c$), hat sich aber in diesem Gültigkeitsbereich bis auf noch zu besprechende Probleme bestens bewährt, z.B. in der Ballistik und der Himmelsmechanik, was letztlich den Ruhm Newtons begründet hat.

Es ist besonders hervorzuheben, dass es nicht möglich ist, den Wert von G aus der Himmelsmechanik oder aus Pendel- und Fallversuchen auf der Erde zu bestimmen, da wir die Masse der Sonne und der Planeten nicht kennen; erst nach Kenntnis von G lassen sich umgekehrt die Massen der Himmelskörper ermitteln! Und das war das eigentliche Ziel Henry Cavendishs.

Obiges Gleichungssystem der Newton'schen Gravitationstheorie weist aber noch eine Lücke auf, die es zunächst zu schließen gilt; diese betrifft die Festlegung der schweren Masse $m_s$ des Teilchens und hiermit zugleich der schweren Massendichte $\varrho_s$ der das Gravitationsfeld erzeugenden Materie. Isaak Newton greift hierzu auf die Pendel- und Fallversuche von Galileo Galilei und seinen Schülern zurück, wonach alle Körper unabhängig von ihrer trägen Masse $m_t$ im gegebenen Schwerefeld $\vec{F}$ der Erde die gleiche Beschleunigung $\vec{a} = d\vec{v}/dt$ erfahren («alle Körper fallen gleich schnell»); das bedeutet nach Einsetzen von (2) und (3) in (1), dass der Quotient von $m_t$ und $m_s$ für alle Körper dieselbe Zahl ist, die wir ohne Einschränkung der Allgemeinheit auch gleich 1 setzen dürfen:

(5) $\quad \dfrac{m_t}{m_s} = 1.$

Trägheit und Schwere sind wesensgleich! Dann besagt die Bewegungsgleichung im Schwerefeld gemäß (1), (2) und (3), dass die Beschleunigung $\vec{a}$ gleich der Gravitationsfeldstärke $\vec{F}$ ist:

(6) $\quad \vec{a} = \vec{F}.$

Die Bahn $\vec{x}(t)$ eines Teilchens im Schwerefeld $\vec{F}$ ist hiernach unabhängig von seiner Masse allein nach Vorgabe von Anfangsposition $\vec{x}_0(t_0)$ und Anfangsgeschwindigkeit $\vec{v}_0(t_0)$ eindeutig festgelegt, was später Albert Einstein in seiner Allgemeinen Relativitätstheorie (1915/16) zur «Geometrisierung» der Gravitation veranlasste, indem er die Gravitationskraft durch das metrische Führungsfeld einer für alle Körper gültigen nicht-euklidischen Geometrie von Raum und Zeit ersetzte, in der sich die Körper statt gemäß (6) längs Galilei'scher Trägheitsbahnen, d. h. (zeitartigen) geodätischen Linien bewegen.[1] An die Stelle von (4) treten dann die tensoriellen Einstein'schen Feldgleichungen für die nicht-euklidische Metrik von Raum und Zeit. Die Gravitationskonstante $G$ bestimmt jetzt die Stärke der Nichteuklidizität der Raum-Zeit als Folge von Energie, Impuls und Spannungen der Materie. Diese metrische Gravitationstheorie ergibt geringfügige Abweichungen von der Newton'schen («solarrelativistische» Effekte), die aber inzwischen bestens bestätigt sind und z. B. bei den heutigen Satellitennavigationssystemen berücksichtigt werden.

Man nennt das Resultat (5) das (schwache) «Äquivalenzprinzip». Erst hiermit ist der Wert der Gravitationskonstanten $G$ in Gl. (4) eindeutig über die Gravitationskraft $\vec{K}$ definiert und bestimmbar. Weiterhin ist es wegen des Äquivalenzprinzips (5) und der hiermit folgenden Bewegungsgleichung (6) nicht möglich, im Schwerefeld Körper mit unterschiedlichen Massen zu separieren: Es gibt keinen auf der klassischen Gravitation basierenden Massenspektrograph!

An dieser Stelle mag ein Abstecher in die Quantentheorie erlaubt sein für diejenigen Leser, die mit dieser schon vertraut sind. Die Bewegungsgleichung für ein quantenmechanisch zu beschreibendes Teilchen, z. B. Neutron, ist anstelle von (6) die zeitabhängige Schrödingergleichung für die Wellenfunktion $\Psi(\vec{x},t)$. In dieser fällt im Gegensatz zu (6) die Masse trotz Gültigkeit des Äquivalenz-

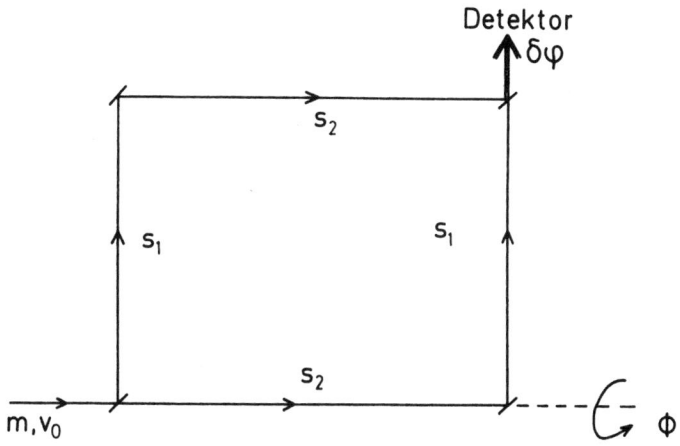

Abbildung 1a | Schema eines gravitativ beeinflussten Neutronen-interferometers: Bei Drehung der Bildebene um den Winkel $\Phi$ aus der Horizontalen in Richtung Vertikale ergibt sich eine Masse-abhängige Phasenverschiebung $\delta\varphi = (mgs_1s_2/\hbar v_0) \cdot \sin\Phi$ zwischen den Wellenfunktionen längs der beiden Strahlwege der Neutronen ($v_0$ Einschussgeschwindigkeit, g Erdbeschleunigung). (Quelle: Heinz Dehnen)

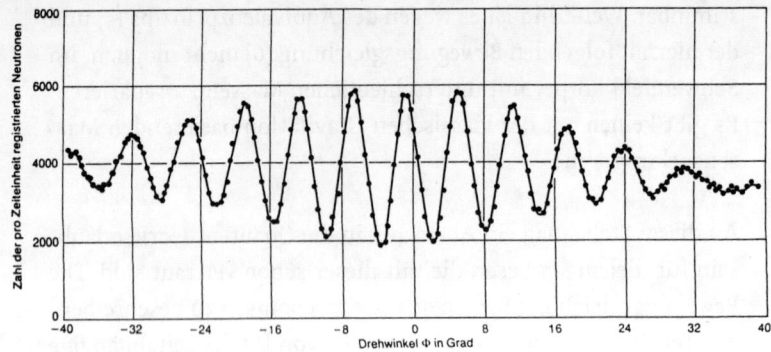

Abbildung 1 b / Die Phasenverschiebung δφ führt infolge Interferenz der beiden Wellenzüge zu einer Masse-abhängigen Schwankung der Anzahl der Neutronen im Detektor in Abhängigkeit vom Drehwinkel Φ (nach A. Overhauser et al.). (Quelle: Heinz Dehnen)

prinzips $m_t = m_s$ nicht heraus, sodass $\Psi(\vec{x}, t)$ explizit von der Masse des Teilchens abhängt.[2] Unter Ausnutzung der quantentheoretischen Welleneigenschaft der Teilchen ist somit Massenseparation im Schwerefeld möglich, wie z. B. das Neutroneninterferenzexperiment von R. Collela, A. Overhauser und S. Werner (1975) zeigt;[3] es gibt folglich trotz Gültigkeit von (5) keine universelle Führung des Wellenfeldes $\Psi(\vec{x}, t)$ im Schwerefeld (siehe Abbildungen 1 a/b). Einsteins Geometrisierungskonzept der Gravitation ist also rein klassisch begründet (was ja 1915/16 allein möglich war) und wird auf der Ebene der Quantentheorie durchbrochen, worin die Priorität der Quantenphysik vor der klassischen Physik zum Ausdruck kommt. Man könnte provokativ fragen: Hätte Einstein sein Konzept auch entwickelt, wenn ihm nur die Welleneigenschaft der Materie bekannt gewesen wäre?

## ÄQUIVALENZPRINZIP

Bevor wir uns der Bestimmung des Werts der Gravitationskonstanten $G$ zuwenden, wollen wir zuerst die Voraussetzung hierfür, nämlich die Gültigkeit des Äquivalenzprinzips (5) experimentell überprüfen. Hierzu bieten sich zunächst Fall- und Pendelversuche im Erdfeld an, wie sie schon Galilei durchgeführt hat. Aufwendiger, aber genauer sind Drehwaagenexperimente, bei denen die Schwerkraft auf einen Testkörper $\sim m_s$ mit der Zentrifugalkraft (Trägheitskraft) $\sim m_t$ verglichen wird. Erste Experimente mit der Schwerkraft der Erde und der Zentrifugalkraft infolge der Erdrotation wurden von dem ungarischen Physiker L. v. Eötvös 1889 und 1909 durchgeführt. Er erreichte mit den Materialien Holz, Platin, Kupfer, Asbest, Wasser und Talg als Testkörper eine Bestätigung des Äquivalenzprinzips (5) mit einer relativen Genauigkeit von $5 \cdot 10^{-9}$. Wiederholungen des Eötvös-Experimentes durch V. Braginski und R. Dicke (1964) führten unter Verwendung des Schwerefeldes der Sonne auf eine relative Genauigkeit von $10^{-11}$ für Aluminium und Gold bzw. von $10^{-12}$ für Aluminium und Platin.[4]

Trotz dieser eindrucksvollen Bestätigung des Äquivalenzprinzips ist die experimentelle Situation noch nicht endgültig befriedigend, stellt das Äquivalenzprinzip doch die Grundlage der Allgemeinen Relativitätstheorie dar, mit dem diese steht und fällt. Erstens, es liegen noch keine direkten Messungen mit Antimaterie vor; Fallexperimente mit Antiwasserstoff sind erst geplant. Und zweitens, die bisher benutzten Testkörper bestehen nur aus Teilchen der ersten Elementarteilchenfamilie und besitzen darüber hinaus keine wohl definierte Isotopenzusammensetzung. Im Jahr 1986 führten die Physiker E. Fischbach und S. H. Aronson eine Reanalyse der Ergebnisse von Eötvös durch und schlossen hieraus auf eine Abhängigkeit der Erdbeschleunigung von der chemischen Zusammensetzung der Testkörper, die sie als zusätzliche kurzreichweitige Nicht-Newton'sche-Kopplung ans Gravitationsfeld interpretierten und als 5. Kraft (neben starker, elektromagnetischer, schwacher, gravitativer Kraft) bezeichneten.[5] Allerdings konnten diese Ergebnisse nachfolgenden Überprüfungen nicht standhalten.

## CAVENDISH-EXPERIMENT

Nach diesen Vorstudien können wir uns jetzt der Bestimmung des Wertes der Gravitationskonstanten $G$ zuwenden, die noch heute andauert. Wie bereits erwähnt, ging es Henry Cavendish im Jahre 1798 nicht primär um die Bestimmung des Wertes der physikalischen Naturkonstanten $G$. Cavendish war mehr Chemiker als Physiker.[6] Schon früh wurde der menschenscheue Sonderling von seinem Vater in die Naturforschung eingeführt. Nach vier Jahren brach er jedoch das Studium an der Universität Cambridge ohne Abschluss ab, konnte sich aber, da er einer der ältesten und reichsten Familien des englischen Hochadels angehörte, im Jahre 1753 in London ein Labor einrichten, das er als Privatgelehrter betrieb; ab 1760 war er Mitglied der Royal Society. Er entdeckte 1764 die Arsensäure, 1766 den Wasserstoff bei der Einwirkung von Schwefel- und Salzsäure auf Metalle und 1772 den Sauerstoff sowie den Stickstoff als Bestandteile der Luft, indem er den Sauerstoff durch Oxidation entfernte. Er zeigte hierbei, dass das Verhältnis von Sauerstoff zu Stickstoff in der Luft 20,8 % zu 79,2 % beträgt und dass dieses Verhältnis an verschiedenen Orten das gleiche ist; er behielt allerdings immer noch den 120sten Teil der Luft als Restmenge, die erst viel später in den Edelgasen ihre Erklärung fand. Im Jahr 1783 entdeckte Cavendish, dass Wasser kein chemisches Element ist, sondern beim Funkendurchschlag durch ein Gemisch aus Wasserstoff und Sauerstoff entsteht und dass hierzu zwei Raumteile Wasserstoff und ein Raumteil Sauerstoff benötigt werden. Dabei war damals ganz unerwartet, dass zwei Gase zusammen eine Flüssigkeit ergaben. Obwohl Cavendish hiermit wesentliche Beiträge zur Oxydationstheorie des Franzosen A. L. Lavoisier lieferte, hat er sich dieser zeitlebens nicht angeschlossen, sondern an der Phlogiston-theorie des deutschen Chemikers und Arztes G. E. Stahl festgehalten. In diesem Zusammenhang untersuchte er Kohlendioxid, hergestellt aus Kalkstein und Säuren, sowie Faul- und Gärungsgase auf ihre Brennbarkeit. Schon früh interessierten ihn aber auch physikalische Eigenschaften der Materie, z. B. das später nach C. A. de Coulomb benannte elektrische Kraftgesetz, die latente Schmelz-wärme von Wassereis und die Dichte von Gasen und anderen Materialien. So geht auf ihn die erste Bestimmung der Dichte von Wasserstoff und Kohlendioxid zurück. Es lag deshalb nicht fern, auch die mittlere Dichte der Erde und ihre Masse bestimmen zu wollen, was auf der Grundlage der oben geschilderten Newton'schen Gravitationstheorie möglich sein sollte.

Und in der Tat ergibt sich aus der Feldgleichung (4) und dem Bewegungsgesetz (6) der Gravitation unmittelbar, dass die Erdbeschleunigung $g = |\vec{a}(Erdoberfläche)|$ gegeben ist durch

$$(7) \quad g = \frac{M_E G}{R_E^2},$$

worin $M_E$ die Masse und $R_E$ der Radius der Erde ist, Kugelsymmetrie der Erde vorausgesetzt und kleinere Einflüsse wie die der Erdrotation und der Schwerkraft des Mondes vernachlässigt. Stellen wir $M_E$ durch Radius und mittlere Dichte $\bar{\varrho}$ dar als $M_E = (4\pi/3)\bar{\varrho}R_E^3$ und setzen dies in (7) ein, so folgt:

$$(8) \quad g = \frac{4\pi}{3}\,\bar{\varrho}R_E G.$$

Das ist die Formel, die der Arbeit von Cavendish aus dem Jahre 1798 mit dem Titel «Experiments to determine the density of the Earth» zugrunde liegt, publiziert in «The Philosophical Transactions of the Royal Society of London». Da die Erdbeschleunigung mit $g = 981\,\text{cm}/\text{sec}^2$ und der Erdradius mit $R_E = 6,4 \cdot 10^8$ cm bekannt waren, bedurfte es also «nur» noch einer hinreichend genauen Kenntnis von $G$, die damals noch nicht vorlag, um die mittlere Dichte $\bar{\varrho}$ und die Masse $M_E$ der Erde aus (7) und (8) zu erhalten.

Hierzu entwickelte Cavendish nach einem Vorschlag von J. Mitshell eine Torsionswaage, die in abgeänderter Form dann später auch von Eötvös und seinen Nachfolgern, wie beschrieben,

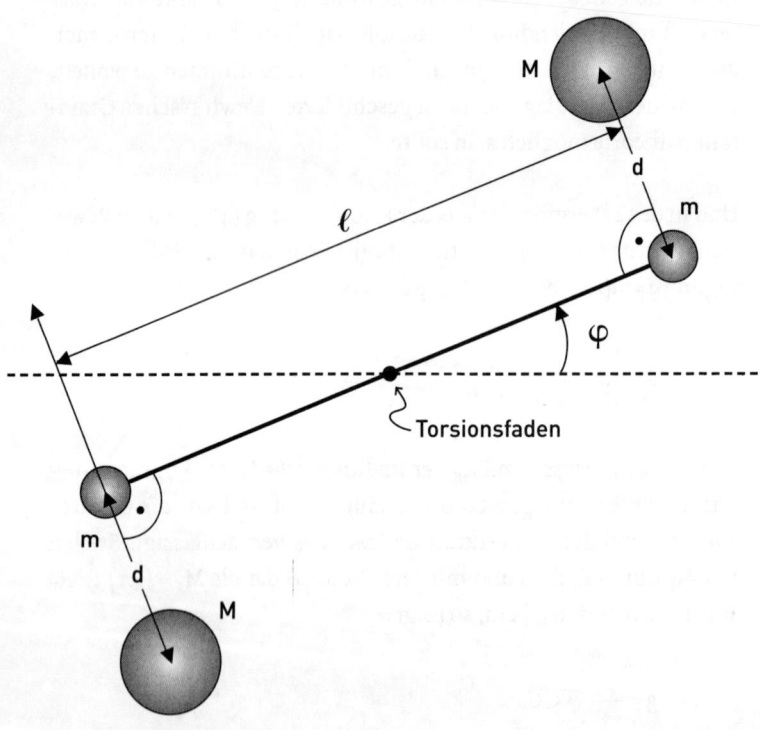

Abbildung 2 / Schematische Darstellung der Cavendish'schen Torsionswaage im ausgelenkten Zustand. (Quelle: Heinz Dehnen)

benutzt wurde zur Bestätigung des Äquivalenzprinzips. An einem Torsionsfaden, z. B. aus Quarz oder Bronze wird ein dünner Waagebalken der Länge $l$ in der Mitte horizontal aufgehängt, an dessen Enden zwei identische Kugeln jede mit der Masse $m$ befestigt sind; auf diese Weise wird der Einfluss des Gravitationsfeldes der Erde auf die Messung eliminiert. Mit zwei größeren beweglichen Kugeln der gleichen Masse $M$ wird aufgrund der Gravitationsanziehung der Massen $m$ und $M$ der Waagebalken um den Winkel $\varphi$ aus der Ausgangslage herausgedreht und der Faden tordiert. Dabei ist darauf zu achten, dass im ausgelenkten Zustand die Abstände der Mittelpunkte der Massen $m$ und $M$ den gleichen Wert $d$ haben und die Verbindungslinien der Schwerpunkte senkrecht auf dem Waagebalken stehen (siehe Abbildung 2). In diesem ausgelenkten Zustand halten sich die Gravitationskräfte und die Torsionskraft bzw. deren Drehmomente das Gleichgewicht; ist $D$ der Torsionsmodul des ganzen Torsionsfadens, so gilt also:

(9) $D\varphi = mMGl/d^2$.

Durch Messung des Abstandes $d$ und des Winkels $\varphi$, Letzteren z. B. mit einem Lichtstrahl, der mittels eines am Torsionsfaden befestigten Spiegels zur Verstärkung des Ausschlags auf eine entfernte Skala reflektiert wird, lässt sich $G$ aus (9) bestimmen; zuvor muss die Waage jedoch geeicht werden, indem $M$, $m$, $l$ und vor allem $D$ präzise ermittelt werden, z. B. $D$ durch Messung der Schwingungsdauer $T$ der Drehschwingungen der Torsionswaage; in erster Näherung (Vernachlässigung der Dämpfung, kleine Schwingungsamplitude) gilt:

(10) $D = 2\pi^2 ml^2/T^2$.

Um die Festlegung der Ausgangsruhelage zu vermeiden, misst man den doppelten Winkel $\varphi$, indem der Waagebalken auch in die entgegengesetzte Richtung ausgelenkt wird. Solche Cavendish-Drehwaagen sind heute zu Lehr- und Demonstrationszwecken kommerziell erhältlich.

Mit dieser Methode (siehe Abbildung 3) fand Cavendish für $G$ den Wert $G = 6{,}75 \cdot 10^{-8}\,cm^3/g\,sec^2$, womit sich aus (7) und (8) für die Erdmasse $M_E = 6 \cdot 10^{27}\,g$ und für ihre mittlere Dichte $\bar{\varrho} = 5{,}5\,g/cm^3$ ergab, was hervorragende Werte sind. Da die Gesteine an der Erdoberfläche nur eine Dichte von maximal $3\,g/cm^3$ aufweisen, konnte geschlossen werden, dass das Erdinnere aus dichteren Stoffen, wahrscheinlich aus Eisen bestehen muss. Henry Cavendish war zweifelsohne einer der einfallsreichsten Naturforscher seiner Zeit. Als er 78-jährig im Februar 1810 in London starb, hinterließ er ein

Abbildung 3 / Cavendishs Drehwaage. Philosophical Transactions 1798. (Quelle: Armin Hermann, *Lexikon Geschichte der Physik A – Z*, Köln 1987, S. 52)

umfangreiches wissenschaftliches Werk. Es nimmt deshalb nicht wunder, dass das physikalische Labor in Cambridge ihm zu Ehren das «Cavendish Laboratory» genannt wird.

Die von Cavendish erreichte Genauigkeit der Bestimmung von G ist für moderne Anwendungen freilich nicht ausreichend. Es wird deshalb bis in die Gegenwart versucht, den Wert von G genauer zu bestimmen, hauptsächlich durch Verbesserung und Verfeinerung des Cavendish'schen Torsionswaagenexperiments.[7] Erstaunlicherweise konnte die Genauigkeit jedoch nicht wesentlich gesteigert werden; heute gilt $G = 6{,}674 \cdot 10^{-8}$ cm$^3$/g sec$^2$ als gesichert, in der 4. Dezimalen schließen sich verschiedene Messwerte aber gegenseitig aus (siehe Abbildung 4). Die Gravitationskonstante G ist da-

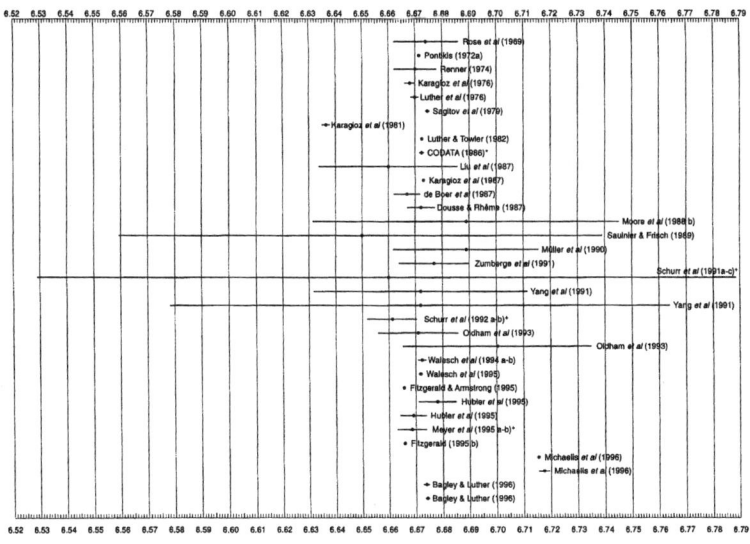

Abbildung 4 / Verschiedene Bestimmungen der Newton'schen Gravitationskonstanten und ihre Messfehler (nach G. T. Gillies in «The Newtonian Gravitational Constant», *Reports on Progress in Physics* 60, S. 166, 1997)

her bis heute die am ungenauesten bekannte Naturkonstante. Die Ursache hierfür ist nicht ganz klar; man vermutet Unstimmigkeiten bei der Bestimmung des Torsionsmoduls $D$ (nicht-lineare Effekte), aber auch Eigenschaften der Gravitationskraft selbst: Sie ist langreichweitig, nicht abschirmbar und die weitaus schwächste aller 4 fundamentalen Kräfte, was die Experimente äußerst störanfällig macht.

### Ist die Gravitationskonstante konstant?

Es gibt aber noch weitere Unklarheiten bezüglich der Gravitation und zwar im astrophysikalischen Bereich. Ich greife als Beispiel die «flachen Rotationskurven» der Spiralgalaxien heraus. Betrachtet man die äußeren Bereiche der Spiralarme, so sollte aufgrund der leuchtenden sichtbaren Materie gemäß den Newton'schen Gleichungen (4) und (6) die Tangentialgeschwindigkeit $v$ in den Spiralarmen entsprechend $v \sim 1/\sqrt{r}$ mit zunehmendem Abstand $r$ vom Galaxienzentrum abnehmen; das wird aber nicht beobachtet! Stattdessen bleibt die Tangentialgeschwindigkeit mit zunehmendem Abstand vom Galaxienzentrum nahezu konstant und beträgt etwa 200 km/sec (deshalb «flache Rotationskurven»; siehe Abbildung 5). Hieraus wird geschlossen, dass in Gl. (4) die Dichte $\varrho_s$ neben der leuchtenden sichtbaren Materie zusätzlich noch nichtleuchtende, so genannte «dunkle» Materie beinhaltet und zwar in einem so erheblichen Umfang, dass die überwiegende Materie im Universum aus dieser Dunkelmaterie besteht! Nur etwa 5 % würde die uns bekannte (baryonische) Materie ausmachen, der Rest wäre dunkle Materie (25 %) und so genannte dunkle Energie (70 %), welch Letztere eine beschleunigte Expansion des Weltalls bedingt. Aber niemand weiß heute, aus welchen exotischen Elementarteilchen sich diese Dunkelmaterie zusammensetzt, zumal sie im Hinblick auf die Synthese der leichten chemischen Elemente im frühesten Universum nicht aus den uns bekannten Elementarteilchen bestehen kann: Die Häufigkeitsverteilung der leichten Elemente entspricht sehr gut der heutigen mittleren Dichte der leuchtenden (baryonischen) Materie!

Allerdings hat die Schlussfolgerung der Existenz von Dunkelmaterie die uneingeschränkte Gültigkeit der Newton'schen Gravitationsgesetze (4) und (6) zur Voraussetzung. Es besteht deshalb auch die Möglichkeit, dass die Newton'schen Gravitationsgesetze hier nicht zutreffen, sondern zu modifizieren sind, sodass die Annahme der Existenz von exotischer dunkler Materie entfällt. Dieser Weg ist von dem Astronomen R. H. Sanders (1986) sowie den Physikern M. Milgrom und J. Bekenstein (1983) beschritten worden.

R. H. Sanders postuliert, dass das Gravitationspotenzial für eine kugelsymmetrische Massenverteilung $M$, aus der sich dann die Feldstärke berechnen lässt, wie folgt zu modifizieren ist:[8]

$$(11) \quad \Phi = - \frac{MG_\infty}{r} \left( 1 + \alpha e^{-r/r_0} \right)$$

mit $\alpha = -0,92$ und $r_0 \cong 24$ kpc (1 pc = 3,26 Lj). Der zweite Term der runden Klammer beschreibt die Korrektur des Newton'schen Potenzials und beinhaltet eine Antigravitationswirkung wegen $\alpha < 0$ für Distanzen $r < r_0$, weshalb man von FLAG-Theorie spricht (**F**inite **L**ength **A**nti-**G**ravity); das kommt der Einführung einer 5. Kraft gleich. Hierbei sind $\alpha$ und $r_0$ so gewählt, dass die flachen Rotationskurven der Spiralgalaxien ohne Annahme von Dunkelmaterie erklärt werden können (siehe Abbildung 5). Allerdings ist der Ansatz (11) nicht sehr befriedigend, da er «ad hoc» getroffen worden ist und nicht aus Grundprinzipien resultiert.

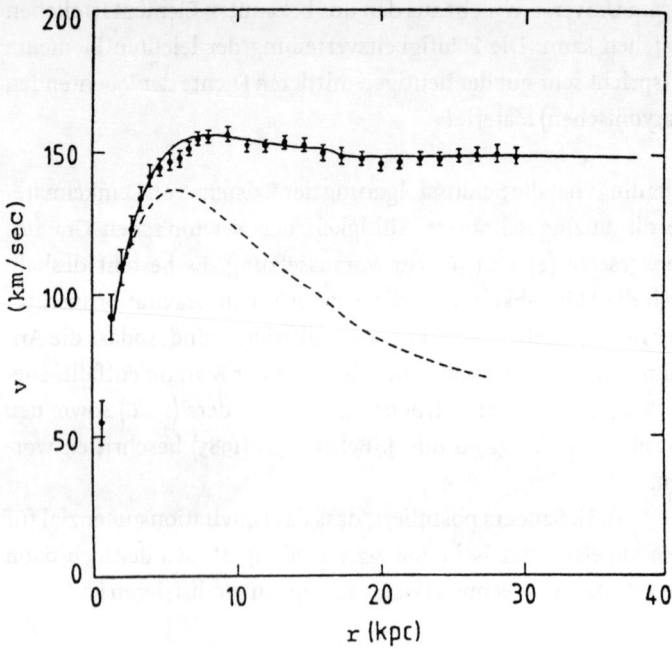

Abbildung 5 / Messpunkte der Tangentialgeschwindigkeit der Spiralgalaxie NGC 3198 (nach R. H. Sanders). Aufgrund der Newton'schen Theorie und der sichtbaren (leuchtenden) Materie wäre ein Geschwindigkeitsverlauf gemäß der gestrichelten Kurve zu erwarten. Die ausgezogene Kurve ergibt sich im Falle einer Modifizierung der Newton'schen Gesetze ohne dunkle Materie. (Quelle: Heinz Dehnen)

Zufrieden stellender ist deshalb der Vorschlag von M. Milgrom und J. Bekenstein, in dem die Newton'schen dynamischen Gesetze modifiziert werden und der in zwei gleichwertigen Versionen vorliegt; man spricht daher auch von MOND-Theorie (**MO**dified **N**ewtonian **D**ynamics).[9] Einmal kann die Bewegungsgleichung (6) abgeändert und an der Feldgleichung (4) festgehalten werden (modified inertia), oder die Bewegungsgleichung bleibt unverändert, dafür wird aber die Feldgleichung modifiziert (modified gravity) und zwar in vollkommener Analogie zur Elektrodynamik elektrisch polarisierbarer Medien durch Multiplikation der Feldstärke mit einem feldstärke- bzw. beschleunigungsabhängigen Faktor. Dieser ist folgendermaßen zu wählen, damit die flachen Rotationskurven ohne Dunkelmaterie resultieren:

$$(12) \quad \varepsilon\left(\frac{|\vec{a}|}{a_0}\right) = 1 \text{ für } |\vec{a}| \gg a_0, \quad \varepsilon\left(\frac{|\vec{a}|}{a_0}\right) \cong \frac{|\vec{a}|}{a_0} \text{ für } |\vec{a}| \ll a_0$$

mit der kritischen Beschleunigung bzw. Feldstärke $a_0 \cong 4 \cdot 10^{-8}$ cm/sec$^2$, was das $10^{-11}$-fache der Erdbeschleunigung $g$ ist! Diese Kleinheit von $a_0$ ist auch der Grund dafür, dass die für $|\vec{a}| < a_0$ modifizierte Newton'sche Dynamik leider nicht so einfach anderweitig überprüft werden kann. Selbst am Ort des äußersten Planeten Sedna beträgt die Gravitationsfeldstärke der Sonne noch immer $7,4 \cdot 10^{-5}$ cm/sec$^2$, sodass im Hinblick auf (12) dort nach wie vor $\varepsilon = 1$ gilt. Erst in einer Entfernung von 3800 Erdbahnradien von der Sonne oder am Rande unserer Galaxis herrschen derart kleine Feldstärken wie $a_0$.

Wie lassen sich nun die Vorschläge «FLAG» und «MOND» physikalisch interpretieren? Der Ansatz (11) lässt sich so deuten, dass die «Gravitationskonstante» gar keine Konstante ist, sondern eine Funktion gemäß

$$(13) \quad G = G_\infty\left(1 + \alpha e^{-r/r_0}\right).$$

Da für das Cavendish-Experiment $r \ll r_0$ gilt, wird bei diesem Experiment die Größe $G = G_\infty(1 + \alpha)$ bestimmt, woraus dann die Konstante $G_\infty = 8,34 \cdot 10^{-7}$ cm$^3$/g sec$^2$ als Gravitationskonstante für $r \gg r_0$ berechnet werden kann. Analog lässt sich «MOND» verstehen. In der Version «modified inertia» findet man

$$(14) \quad \frac{m_t}{m_s} = \varepsilon \left( \frac{|\vec{a}|}{a_0} \right)$$

anstelle von (5). Das Äquivalenzprinzip wäre in der Gestalt (5) also nur für Beschleunigungen größer als $a_0$ gültig. Für kleinere Beschleunigungen wäre das Verhältnis von träger und schwerer Masse eine Funktion der Feldstärke; die Gravitationskonstante bleibt demgegenüber unberührt. Und zwar würde das Verhältnis von träger zu schwerer Masse mit abnehmender Beschleunigung bzw. Feldstärke $(|\vec{a}| < a_0)$ ebenfalls abnehmen. Dieses Verhalten entspricht genau dem Mach-Einstein'schen «Prinzip der Relativität der Trägheit». Einstein argumentierte im Zusammenhang mit den Grundlagen der Allgemeinen Relativitätstheorie im Jahre 1917 zurückgreifend auf Ideen des Physikers und Philosophen Ernst Mach folgendermaßen: Da eine Beschleunigung gegen den absoluten Raum keinen Sinn macht, sondern nur Beschleunigungen der Körper relativ zueinander, so sollte auch die träge Masse als Trägheitswiderstand gegenüber Beschleunigungen nur Sinn machen relativ zu anderen Körpern und bei Entfernen aller anderen Körper d. h. bei schwachen Beschleunigungen bzw. Feldstärken gegen null streben entsprechend (12) und (14). Diese Interpretation hätte allerdings Konsequenzen auch für nicht-gravitative Kräfte.

Diese Komplikation wird vermieden im Falle der zweiten Version von «MOND». Hier bleibt das Äquivalenzprinzip in der Gestalt (5) erhalten; dafür wird jedoch jetzt die «Gravitationskonstante» vergleichbar mit «FLAG» zu einer Funktion der Feldstärke und zwar in 1. Näherung gemäß (modified gravity)

$$(15) \quad G_{eff} = G / \varepsilon \left( \frac{|\vec{F}|}{a_0} \right).$$

Hiernach nimmt die effektive Gravitationskonstante $G_{eff}$ mit abnehmender Feldstärke ($|\vec{F}| < a_0$) zu und umgekehrt, was ein Vakuumpolarisationseffekt sein könnte; $G$ bedeutet die Gravitationskonstante für Feldstärken groß gegen $a_0$. Im Cavendish-Experiment wird $G_{eff}$ gemessen. Hier macht man nun eine interessante Feststellung: Berechnet man die gegenseitige Gravitationsfeldstärke der Massen auf der Cavendish'schen Torsionswaage, so findet man, dass diese von der Größenordnung der Beschleunigung $a_0$ ist, bei der sich ε ändert! Sollte das eventuell der Grund für die unsichere Bestimmung des Wertes der Gravitationskonstanten sein? Wir wissen es bis heute nicht.

Dass die «Gravitationskonstante» keine Konstante, sondern eine Feldfunktion sein könnte, ist andererseits eine alte Idee, die auf P. Dirac, P. Jordan, C. Brans und R. Dicke zurückgeht, in dem Mach-Einstein'schen «Prinzip der Relativität der Trägheit» eine ihrer Wurzeln hat und in den so genannten Skalar-Tensor-Theorien der Gravitation, deren Feldgleichungen um ein skalares Feld erweiterte Einstein-Gleichungen für die Metrik sind, bereits in allgemein-relativistischer Form realisiert ist.[10] Damit ist auch klar, dass die relativistische Version von «FLAG» und «MOND» in den Skalar-Tensor-Theorien zu suchen ist. Als Skalarfeld kommt heute insbesondere das Higgsfeld der Elementarteilchenphysik infrage,[11] wodurch dieses auch eine neue Bedeutung erlangen würde: Es wäre nicht weiter das Feld eines neuen bislang nicht entdeckten Elementarteilchens, sondern würde stattdessen phänomenologisch den Einfluss des Vakuums auf Trägheit und Gravitation beschreiben. Leider liegen hierzu bis heute kaum Untersuchungen vor,[12] obwohl die Vorschläge von R. H. Sanders, M. Milgrom und J. Bekenstein ernst zu nehmende Ansätze zur Vermeidung der Annahme von exotischer Dunkelmaterie sind. Allerdings sagen Skalar-Tensor-Theorien auch eine Veränderung der solarrelativistischen Effekte sowie eine zeitliche Veränderung des Werts von $G$ voraus, und diesbezüglich liegen enge experimentelle Grenzen vor: Verschiedene astronomische Beobachtungen liefern z. B. heute $|\dot{G}/G| < 10^{-12}$ pro Jahr.[7]

## QUANTENGRAVITATION

Ich komme zu einer letzten wesentlichen Eigenschaft der Gravitationskonstanten, die diese von den anderen fundamentalen Wechselwirkungskonstanten der Physik unterscheidet, und das betrifft ihre Dimensionalität, d. h. sie kann mit anderen fundamentalen Naturkonstanten nicht zu einer dimensionslosen Zahl kombiniert werden, sondern führt auf eine fundamentale Längen-, Zeit- und Masseneinheit, worauf schon Max Planck hingewiesen hat; man spricht deshalb von ($\hbar$ Planck'sche Konstante)

$$
\begin{aligned}
&\text{Planck-Länge} \equiv (\hbar G/c^3)^{1/2} = 1{,}6 \cdot 10^{-33} \text{ cm,}\\
(16)\quad &\text{Planck-Zeit} \equiv (\hbar G/c^5)^{1/2} = 5{,}4 \cdot 10^{-44} \text{ sec,}\\
&\text{Planck-Masse} \equiv (\hbar c/G)^{1/2} = 2{,}2 \cdot 10^{-5} \text{ g.}
\end{aligned}
$$

Die Größen (16) sind als die fundamentalen Längen, Zeiten und Massen bzw. Energien ($\cong 10^{19}$ GeV) anzusehen und markieren zugleich die Grenze der klassischen Physik von Raum, Zeit und Gravitation. An ihre Stelle hat dann eine entsprechende Quantenphysik zu treten. Aber eine solche Quantentheorie der Gravitation existiert bis heute nicht, was wiederum mit der Dimensionalität der Gravitationskonstanten zusammenhängt. So gibt es bis heute auch keine Quantentheorie der gravitativen Wechselwirkung zwischen Elementarteilchen vergleichbar mit der Quantenelektrodynamik im Falle des Elektromagnetismus. Die Entwicklung einer solchen Quantengravitation dürfte die größte Herausforderung der Physik für die Zukunft sein.

## LITERATUR

1. J. Audretsch und K. Mainzer (Hrsg.): *Philosophie und Physik der Raum-Zeit*, Mannheim 1988
2. H. Hönl *Physikalische Blätter 37*, 25 (1981)
3. R. Collela et al. *Physical Review Letters 34*, 1472 (1975)
4. R. Dicke et al. *Annals of Physics 26*, 442 (1972)
5. E. Fischbach et al. *Physical Review Letters 56*, 3 (1986)
6. A. J. Berry *Henry Cavendish, His Life and Scientific Work*, London 1960
7. G. T. Gillies *Reports on Progress in Physics 60*, 151 (1997)
8. R. H. Sanders *Astronomy and Astrophysics 154*, 135 (1986)
9. M. Milgrom *New Astronomical Review 46*, 741 (2002)
10. C. Brans et al. *Physical Review 124*, 925 (1961)
11. H. Dehnen et al. *International Journal of Theoretical Physics 31*, 109 (1992)
12. E. Geßner *Astrophysics and Space Science 196*, 29 (1992)

# Youngs Interferenzexperiment mit Licht

Dieter Meschede

Thomas Young wurde am 13. Juni 1773 in Milverton, Somersetshire, geboren und starb am 10. Mai 1829 in London. Er galt als Wunderkind, beherrschte mehrere Fremdsprachen und war auch künstlerisch begabt. Er studierte Medizin in London und Edinburgh und wurde schon 1794 zum Mitglied der Royal Society gewählt. Er ging 1795 zum Physikstudium nach Göttingen, erwarb 1796 dort den Doktorgrad und übernahm 1800 eine Praxis in London, während er nebenher 1801–1804 als Physikprofessor an der Royal Institution tätig war. Seine Vorlesungen gab er 1807 in zwei Quartbänden heraus. Young war Philosoph und Naturwissenschaftler zugleich.

«Licht ist eine Welle.» Mit dieser Behauptung griff Young 1801 in die Debatte um die Natur des Lichtes ein, die die meisten Wissenschaftler zu jener Zeit eigentlich schon zugunsten der Theorie von Isaac Newton für entschieden gehalten hatten. Danach sollte Licht aus Teilchen («Korpuskeln») bestehen. Youngs experimentelle Anordnung, «sein» Doppelspalt-Experiment (Abbildung 1), hat den Wellencharakter von Licht bewiesen. Sie wird bis heute als grundlegende experimentelle Anordnung verwendet, um den Wellencharakter nicht nur von Licht zu beweisen, sondern auch für andere Arten von Strahlen. Dazu zählen Strahlen aus Elektronen (s. u.), neutralen Atomen und anderen mikroskopischen Teilchen.

Grundlage für den Nachweis der Welleneigenschaften des Lichtes ist das Interferenzprinzip. Lassen wir Thomas Young seine Entdeckung, das Interferenzprinzip für optische Wellen, zunächst selbst beschreiben:

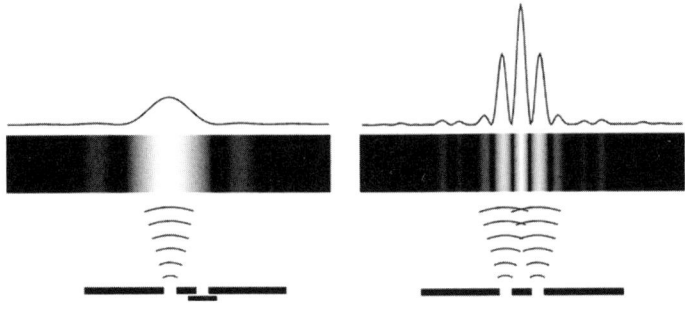

Abbildung 1 / Das Doppelspalt-Experiment von Thomas Young: Der Doppelspalt wird von unten beleuchtet. Das Interferenzbild wird auf einem Schirm aufgefangen.

Im linken Bild ist einer der beiden Spalte verschlossen, und auf einem Schirm wird eine breite Helligkeitsverteilung beobachtet, die man Beugungsbild des Einzelspaltes nennt.

Im rechten Bild sind beide Spalte offen, man beobachtet ein Interferenzmuster und nicht die Summe der beiden Einzelbilder. Der Streifenabstand des Interferenzmusters ist proportional zur Wellenlänge und wird umso größer, je kleiner der Abstand der Spalte ist. Bei optischen Wellenlängen (weniger als $1/1000$ mm) muss man zwei sehr schmale, nahe beieinander liegende Spalte verwenden, um die Interferenzstreifen mit dem Auge beobachten zu können.

«It was in May, 1801, that I discovered, by reflecting on the beautiful experiments of Newton, a law which appears to me to account for a greater variety of interesting phenomena than any other optical principle that has yet been made known. I shall endeavour to explain this law by a comparison: – Suppose a number of equal waves of water to move upon the surface of a stagnant lake, with a certain constant velocity, and to enter a narrow channel leading out of the lake; – suppose then an other similar cause to have excited another equal series of waves, which arrive at the same channel, with the same velocity, and at

*the same time with the first. Neither series of waves will destroy*
*the other, but their effects will be combined: if they enter the*
*channel in such a manner that the elevations of one series coinci-*
*de with those of the other, they must produce a series of greater*
*joint elevations; but if the elevations of one series are so situated*
*as to correspond to depressions of the other, they must exactly fill*
*up those depressions, and the surface of the water must remain*
*smooth; at least I can discover no alternative, either from theory*
*or from experiment.»*[1]

---

[1] Diese Äußerung wird zitiert in G. Peacock *Thomas Young's Life and Works*,
Vol. 1: Life of Thomas Young, M.D., F. R. S., Thoemmes Press, Nachdruck der
Ausgabe von 1855 (Chippenham 2003).
Übersetzung: «Es war im Mai 1801, als ich beim Nachdenken über die
wundervollen Experimente von Newton ein Gesetz entdeckte, das mir eine
größere Vielfalt interessanter Phänomene zu erklären scheint als irgendein anderes optisches Prinzip, das bekannt geworden wäre. Ich will mich
bemühen, dieses Gesetz mit einem Vergleich zu erklären: – Nehmen wir an,
eine Anzahl gleichförmiger Wellen laufe auf der Oberfläche eines ruhenden
Sees mit einer bestimmten Geschwindigkeit und trete in einen schmalen
Kanal ein, der aus dem See hinausführt; – nehmen wir an, eine andere,
ähnliche Quelle würde eine weitere, gleiche Serie von Wellen erregen, die in
denselben Kanal einlaufen, mit derselben Geschwindigkeit und zur selben
Zeit wie die erste. Keine der beiden Wellenserien wird die andere zerstören,
aber ihre Wirkungen werden kombiniert: Wenn sie den Kanal in solcher
Weise erreichen, dass die Erhebungen der einen Serie mit denen der anderen zusammenfallen, müssen sie zusammen eine Serie größerer gemein-
samer Erhebungen erzeugen; aber wenn die Erhebungen der einen Serie so
gelegen sind, dass sie mit den Vertiefungen der anderen zusammenfallen,
dann müssen die Vertiefungen gerade aufgefüllt werden und die Oberfläche
des Wassers muss ruhig bleiben; zumindest kann ich keine Alternative entdecken, weder in der Theorie noch im Experiment.»

Die Wellennatur des Lichtes erschließt sich unserer Wahrnehmung nicht direkt, erklärt aber zwanglos Phänomene wie Beugung und Interferenz. Der Young'sche Doppelspalt ist eine der technisch einfachsten Anordnungen, um insbesondere Interferenzen zu erzeugen und zu beobachten und damit die Welleneigenschaften von Licht zu demonstrieren. Mit jedem Laserpointer ist das Experiment heute geradezu im Handumdrehen nachzuvollziehen, weil Laserlicht sich durch besonders hohe Interferenzfähigkeit auszeichnet. Diese Eigenschaft wird Kohärenz genannt. Zu Thomas Youngs Zeiten waren aber weder kohärente Lichtquellen noch die mechanischen Doppelspalte geringer Größe leicht zu beschaffen.

### HELL UND DUNKEL IM YOUNG'SCHEN DOPPELSPALT-EXPERIMENT – DER BEWEIS FÜR DEN WELLENCHARAKTER VON LICHT

Unsere Alltagserfahrung lehrt uns, dass sich Licht geradlinig ausbreitet, eben strahlenförmig. Der Schattenwurf an Hindernissen ist so unschwer zu erklären. Allerdings hatte schon Leonardo da Vinci bemerkt, dass Licht durchaus auch in den Schatten eindringt, an Hindernissen gewissermaßen abgelenkt wird. Dieses Phänomen nennt man Beugung, und es kann mit der Wellennatur von Licht gut erklärt werden. Auch die von Thomas Young beschriebenen Interferenz-Phänomene beruhen auf den Welleneigenschaften, insbesondere erklären sie das Auftreten von Hell- und Dunkelzonen bei der Überlagerung von zwei oder mehr Lichtstrahlen.

Interferenz entsteht durch Überlagerung von Wellen und ist sehr anschaulich bei der Überlagerung von Wasserwellen zu beobachten. Ein anderes Beispiel können wir hören – Tonschwebungen zwischen Schallwellen sind nichts anderes als Interferenzen von

Schallwellen, die auch Thomas Young experimentell untersucht hatte. Beide Analogien waren für Thomas Young wohl ganz wichtig, denn er übertrug die dort gewonnenen Vorstellungen auf das Licht, wie aus seinen oben vorgestellten Vergleichen deutlich wird.

Wir unterscheiden zwischen konstruktiver und destruktiver Interferenz: Wenn sich Maxima mit Maxima überlagern, wenn die Teilwellen im Gleichtakt laufen (siehe Abbildung 2), verstärken sich die Wellen, das Licht wird dort heller. Man kann auch sagen, dass sich die Wellenzüge an einem bestimmten Ort gerade um ein ganzes Vielfaches der Wellenlänge (n = 0,1,2, …) unterscheiden. Wenn Minima und Maxima aufeinander treffen, kommt es zur Auslöschung oder destruktiven Interferenz, die Wellenzüge laufen im «Gegentakt», und es wird dunkel. Der Gangunterschied beträgt jetzt (n + ½) Wellenlängen.

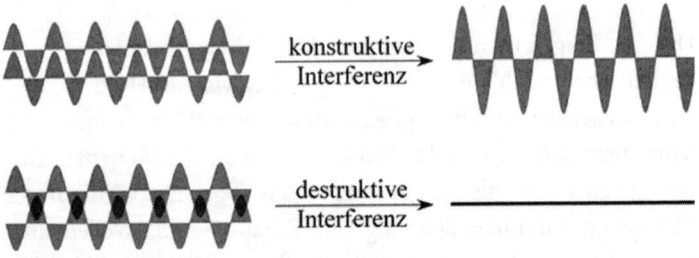

Abbildung 2 / Konstruktive und destruktive Interferenz von zwei sinusförmigen Wellen. Bei konstruktiver Interferenz laufen die Wellen im Gleichtakt und verstärken sich, sie unterscheiden sich gar nicht oder um ein ganzes Vielfaches einer Periode oder Wellenlänge. Wenn sich die Wellen um eine halbe Wellenlänge versetzt überlagern, schwingen sie im Gegentakt und löschen sich in destruktiver Interferenz aus.

Beim Young'schen Doppelspaltexperiment hängt das Auftreten von konstruktiver und destruktiver Interferenz von der Richtung ab, in der sich das Licht ausbreitet. Wir können uns den Doppelspalt alternativ als zwei punktförmige, synchron schwingende Quellen vorstellen.

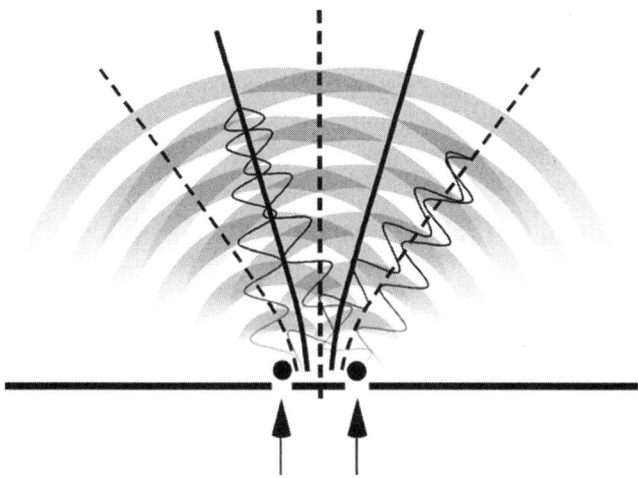

Abbildung 3 / Entstehung des Interferenzmusters beim Doppelspalt-experiment: Das so genannte Huyghens'sche Prinzip geht davon aus, dass beide Spalte je eine halbkreisförmige Elementarwelle abstrahlen, die hier durch abwechselnd graue und weiße Ringe dargestellt wird. Die Überlagerung verursacht ein Moiré-Muster, das von linienförmigen Dunkel- (durchgezogen) und Hellzonen (gestrichelt) durchzogen wird. Diese Zonen liegen auf Hyperbeln, in deren Brennpunkten die beiden Spalte liegen.

Wir betrachten in Abbildung 3 die beiden punktförmigen Lichtquellen, die im perfekten Gleichtakt schwingen. Graue Bereiche entsprechen einem Wellen-Maximum, weiße Bereiche einem Minimum. Das Moiré-Muster zeigt nun bestimmte helle Richtungen, bei denen stets Maxima oder Minima zusammentreffen (weiß mit weiß, grau mit grau, gestrichelte Linien), in denen sich die Entfernung zu den beiden Spalten um n = 0, 1, 2, ... Wellenlängen unterscheidet. An diesen Linien verstärken sich die beiden Wellen in konstruktiver Interferenz. In anderen Richtungen (durchgezogene Linien) unterscheiden sich die Entfernungen um (n + ½) Wellenlängen, und es kommt zu destruktiver Interferenz. Wie man sieht, ändert sich mit der Entfernung des Schirms praktisch nur der Maßstab, nicht aber die Form dieses Interferenzmusters. Die Orte der Maxima und Minima liegen auf Hyperbeln, in deren Brennpunkten sich die punktförmigen Spalte befinden.

### Wie schwingt das Licht? Was «sehen» wir?

Unser Auge kann die wellenartige Ausbreitung des Lichts gar nicht wahrnehmen, und auch die Frage, welche physikalische Größe beim Licht denn schwingt, wurde erst Ende des 19. Jahrhunderts beantwortet. Heute wissen wir, dass die Schwingungen des Lichts Schwingungen des elektrischen Feldes sind, ganz analog zur alltäglichen Wechselspannung mit der Periode von $\frac{1}{50}$ Sekunde, nur extrem viel schneller. Das elektrische Wechselfeld wird im mathematisch einfachsten Fall mit einer Sinuswelle beschrieben,

$$E(x,t) = E_0 \sin[2\pi(t/T - x/\lambda)]$$

Die Auslenkung $E_0$ heißt Amplitude, die Orts- und Zeitabhängigkeit ($x$ bzw. $t$) wird durch die Sinusfunktion beschrieben. Bei optischen Wellen dauert die Schwingungsperiode $T$ höchstens einige Femtosekunden, das sind $10^{-15}$s oder $\frac{1}{1000}$ von einer millionstel millionstel Sekunde. Für unser Auge, wie für so ziemlich alle physikalischen Detektoren, ist das viel zu schnell, wir registrieren nur eine gemittelte Intensität. Die Femtosekunden-Dauer einer Schwingungsperiode des Lichtfeldes ist zwar unvorstellbar kurz, aber immerhin breitet sich das Licht wegen der ebenfalls sehr hohen Geschwindigkeit von $c = 300\,000$ km/s in dieser Zeit um fast einen Mikrometer (1 μm = $\frac{1}{1000}$ mm) aus. Diese Strecke entspricht genau einer Wellenlänge,

$$\lambda = c \cdot T.$$

Die Wellenlänge $\lambda$ entscheidet beim Doppelspalt-Experiment, wo genau helle und dunkle Zonen zu finden sind. Je kürzer die Wellenlänge ist, desto enger rücken die Interferenzstreifen aus Abbildung 1 zusammen. Der Abstand $x$ der ersten beiden Dunkelzonen auf einem Schirm im Abstand $s$ vom Doppelspalt mit dem Spaltabstand $d$ beträgt zum Beispiel

$$x = s \cdot \lambda / d.$$

Für grünblaues Licht ($\lambda = 0{,}5$ μm) bei einem Spaltabstand von $d = 0{,}1$ mm erhält man einen Abstand $x = 5$ mm, der auch mit dem unbewaffneten Auge leicht zu sehen ist.

 Die Intensität $I$ des Lichtfeldes ist nun proportional zum Quadrat der elektrischen Feldstärke $E = E(x,t)$, sie wird durch Quadrieren und Mittelwertbildung berechnet, die wir durch die eckigen Klammern $\langle \ldots \rangle$ symbolisieren:

$$I = \text{const} \cdot \langle E^2 \rangle.$$

Um die Intensität einer ebenen Welle zu berechnen, brauchen wir nur den zeitlichen Mittelwert von $\langle \sin^2(x,t) \rangle = \frac{1}{2}$ zu berücksichtigen, um den sinnlichen Eindruck zu bestimmen,

$$I = \text{const} \cdot \langle E^2 \rangle = \text{const} \cdot \langle E_0^2 \sin^2(x,t) \rangle = \tfrac{1}{2}\,\text{const} \cdot E_0^2.$$

Wir sehen, dass die Intensität konstant ist, solange die Amplitude $E_0$ konstant ist. Wenn wir aber zwei Wellen überlagern, dann ist das Bild komplizierter, denn wir müssen erst die Summe der Wellen – zweier Sinusfunktionen – bilden (die Interferenz!), und dann erst quadrieren und mitteln, um die Wirkung auf unser Auge oder einen anderen Detektor zu berechnen,

$$I = \text{const} \cdot (E_1 + E_2)^2.$$

Man erkennt sofort, dass zwei Wellen im Gegentakt ($E_1 = -E_2$) destruktiv interferieren und sich auslöschen. Sind sie perfekt synchron ($E_1 = E_2$), dann verstärken sie sich nicht nur auf die doppelte, sondern die vierfache Intensität: $(E_1 + E_1)^2 = 4 \cdot E_1^2$. Genau aus diesem Grund ist in Abbildung 1 die Intensität im Zentrum des Doppelspalt-Beugungsbildes viermal so groß gezeichnet wie beim Einzelspalt. In einem realistischen Experiment kommen natürlich alle Situationen zwischen perfekter Auslöschung und Verstärkung vor. Die wesentlichen Merkmale eines Interferenzbildes ergeben sich aber schon aus der Betrachtung der Extremsituationen, die wir mit dem Moiré-Muster aus Abbildung 3 angedeutet haben.

## FEYNMANS VORLESUNGEN

Der amerikanische Physiker und Nobelpreisträger Richard P. Feynman (1918 – 1988) war für seine unkonventionellen Ansichten ebenso berühmt wie für seine Feynman Lectures, mit denen er dem Young'schen Doppelspalt-Experiment zwar nicht als Erster, wohl aber in besonders prominenter Weise eine wichtige Rolle in der physikalischen Lehre verschafft hat.

Feynman hat in seinen Vorlesungen die Verbindung von den optischen Experimenten mit Licht zur Ausbreitung und Interferenz von Materiewellen – denen wir den Teilchencharakter intuitiv viel leichter zubilligen als dem Licht – gezogen, um die simultanen Wellen- und Teilcheneigenschaften mikroskopischer Teilchen wie zum Beispiel Elektronen zu erläutern.

Abbildung 4 | In dieser Karikatur aus dem *New Yorker* wird unsere Vorstellung von konstruktiver Interferenz bei Materiewellen auf eine harte Probe gestellt.

Auch Materiewellen zeigen das klassische Interferenzmuster des Doppelspaltes aus Abbildung 1, wenn sie durch einen Doppelspalt geschickt werden. Unsere Intuition wird dadurch auf eine harte Probe gestellt (Abbildung 4), denn wir können uns nicht vorstellen, dass ein «Teilchen» – Atome und Moleküle sind viel kleiner als die kleinsten verwendeten Spalte – gleichzeitig durch beide Spalte hindurch treten kann. Unsere Vorstellung wird aber durch makroskopische Bilder dominiert, während die Bewegung mikroskopischer Teilchen – Atome, Moleküle etc. – durch die Quantenphysik beschrieben wird. Sie charakterisiert diese wellenähnliche Bewegung, zu der auch die Quanteninterferenz gehört, mit großer Präzision und wird seit mehr als 80 Jahren durch Experimente immer wieder aufs Neue bestätigt: Jedes einzelne Teilchen unterliegt dabei der Selbstinterferenz, und das Doppelspalt-Experiment funktioniert in der Tat auch dann noch, wenn in jedem Moment überhaupt nur ein Teilchen in der ganzen Apparatur vorhanden ist.

## INTERFERENZEXPERIMENTE IM 21. JAHRHUNDERT

Das Young'sche Doppelspalt-Experiment und seine Varianten werden bis heute immer wieder als Beleg herangezogen, um den Wellencharakter physikalischer Strahlung zu beweisen, die gewöhnlich aus mikroskopischen Teilchen besteht. Das Beugungsbild des Doppelspalts wurde beobachtet mit den in Top 1 beschriebenen

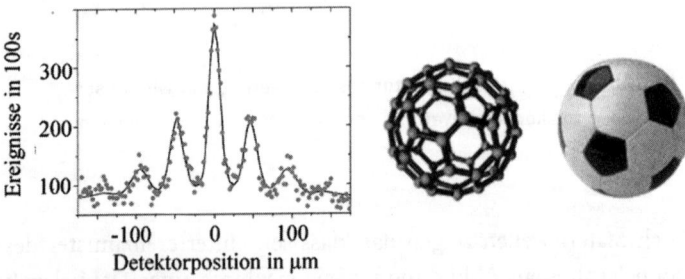

Abbildung 5 / Das hier gezeigte Muster wird durch Quanteninterferenzen von $C_{60}$-Molekülen («Buckyballs», ihre Form ähnelt einem Fußball) an einem Gitter mit einer Periode von 100 nm und einer Schlitzbreite von 55 nm hervorgerufen (mit freundlicher Erlaubnis von Anton Zeilinger und Markus Arndt)[2]

[2] O. Nairz, M. Arndt, A. Zeilinger «Quantum Interference experiments with large molecules», *The American Journal of Physics* 71, 319 (2003)

Strahlen aus Elektronen, die zweifellos zur mikroskopischen Welt zählen. Aber auch mit Strahlen aus den 7000-mal schwereren Helium-Atomen wird das Doppelspalt-Interferenzmuster beobachtet, und bis heute ist die Frage nicht endgültig geklärt, wie sich der Übergang von der mikroskopischen zur makroskopischen Welt genau vollzieht. Markus Arndt, Anton Zeilinger und ihre Mitarbeiter in Wien[2] haben sich vorgenommen herauszufinden, mit wie großen oder schweren Teilchen man Interferenz-Experimente gerade noch ausführen kann: Mit großen Molekülen wie den $C_{60}$-«Buckyballs» hatten sie schon Erfolg (Abbildung 5), aber wo liegt die Grenze, vielleicht bei winzigen Kristallen?

Die Schwierigkeit liegt vor allem darin, dass die Materie-Wellenlänge, die so genannte de Broglie-Wellenlänge $\lambda_{\text{de Broglie}}$, des Teilchenstrahls bei zunehmender Masse typischerweise immer kürzer wird und daher nach immer kleineren Spaltabständen ruft. Mit den Methoden der Nanotechnologie kann man heute Spaltgrößen und -abstände von nur 100 Nanometern ($\frac{1}{10\,000}$ mm) oder sogar weniger herstellen, die selbst bei Wellenlängen von millionstel mm noch messbare Abstände von Interferenzstreifen hervorrufen. Man führt diese Experimente allerdings mit einem Gitter aus vielen Spalten und nicht nur mit zwei Spalten durch – die Intensität wäre sonst einfach viel zu gering, um ein brauchbares Messergebnis zu erzielen.

# FOUCAULTS PENDEL

Wolfgang P. Schleich

## EINE UNGEWÖHNLICHE EINLADUNG

«Sie sind herzlich eingeladen, zu sehen, wie sich die Erde dreht; morgen, zwischen drei und fünf Uhr in der Meridian-Halle des Pariser Observatoriums.» Diese reißerische Einladung wurde am 2. Februar 1851 an alle bekannten Wissenschaftler in Paris versandt. Der Urheber der Ankündigung war Jean Bernard Léon Foucault (1819–1868).

Im Januar desselben Jahres hatte Foucault eine bedeutsame Entdeckung gemacht. Aus seinem Tagebuch wissen wir, dass er am 6. Januar 1851 um zwei Uhr morgens im Keller des Hauses an der Ecke Rue de Vaugirard und Rue d'Assas in Paris den Durchbruch zum Nachweis der Rotation der Erde geschafft hatte. An der Decke des Kellergewölbes hatte er ein zwei Meter langes Pendel mit einem fünf Kilogramm schweren Gewicht aufgehängt. Sein erster Versuch am 3. Januar, das Pendel schwingen zu lassen, war zwar fehlgeschlagen, da der Draht brach. Beim zweiten Versuch drei Tage später war er jedoch erfolgreich. Seine Tagebucheintragung lautet: «Zwei Uhr morgens, das Pendel ist in Richtung der täglichen Bewegung der himmlischen Sphäre vorgerückt.»

In der Tat entfernte sich die Schwingungsebene des Pendels langsam aber stetig von ihrer ursprünglichen Position weg und führte allmählich eine Drehung im Raum aus. Den Eindruck, den dieses Pendel mit seiner von unsichtbarer Hand bewegten Schwingungsebene auch heute noch auf den Beobachter ausübt, hat Foucault später mit den Worten zusammengefasst:

«*Das Phänomen entwickelt sich ruhig, ist aber unvermeidlich und nicht aufzuhalten. Man fühlt und sieht, wie es geboren wird und ständig wächst. Es steht nicht in unserer Macht, es zu beschleunigen oder zu verlangsamen. Jede Person, die dieses Phänomen beobachtet, verweilt für einige Momente und wird nachdenklich und ruhig; danach verläßt sie im allgemeinen den Ort und trägt mit sich für immer ein schärferes und feineres Gefühl für unsere unaufhörliche Bewegung durch den Raum.*»

Es ist nicht klar, ob Foucault zu dieser Zeit die Experimente des Großherzogs von Toskana, Vincenzo Viviani (1622 – 1703), kannte. Dieser war Schüler von Galileo Galilei (1564 – 1642) und führte unter anderem auf Anregung von Evangelista Torricelli (1608 – 1647) Experimente zum Luftdruck aus. Darüber hinaus entwickelte er Instrumente zur Zeitmessung auf der Grundlage der Pendelbewegung. In diesem Zusammenhang schreibt er in einer Arbeit um das Jahr 1660:

«*Wir beobachten, daß alle Pendel, die an einem Faden hängen, von ihrer ursprünglichen vertikalen Ebene abweichen und zwar immer in dieselbe Richtung.*»

Viviani hat sich über dieses Phänomen nicht weiter ausgelassen, und das Ergebnis verschwand im Staub der Geschichte. Erst zehn Jahre vor dem Foucault'schen Experiment erschien ein Manuskript, das auf die Viviani'schen Versuche verwies.

Wer war Jean Bernard Léon Foucault, der als Erster die Drehung der Schwingungsebene des Pendels mit der Rotation der Erde in Verbindung brachte?

## Ein handwerklicher Wissenschaftler

Foucault war kein Wissenschaftler im herkömmlichen Sinne. Sein Leben war stark von den technischen, wissenschaftlichen und politischen Umwälzungen seiner Zeit beeinflusst. Er hatte keine universitäre Ausbildung in Mathematik oder Physik. Jedoch zeigte er eine hohe Begabung, handwerklich zu arbeiten, und ein starkes Interesse und tiefes Verständnis für die Technik. Er hatte engen Kontakt zur wissenschaftlichen Elite Frankreichs, die ihn aber erst spät anerkannte. Louis-Napoléon, Neffe von Napoléon Bonaparte, benutzte die Popularität der Foucault'schen Entdeckung auf seinem Weg zur Erlangung der Kaiserkrone. Dafür erhielt Foucault von ihm die erste und einzige feste Anstellung seines Lebens.

Léon Foucault, wie ihn seine Freunde nannten, wurde am 18. September 1819 in Paris geboren. Er war ein Kind seiner Zeit. Die Periode von 1820 bis 1880 wird oft als das «Zeitalter des Ingenieurs» bezeichnet. In diesem Zeitabschnitt wurden die praktischen Anwendungen der Dampfmaschine des schottischen Ingenieurs James Watt (1736–1819) zur Blüte gebracht. Es seien hier nur das Dampfschiff (1812) und die Dampflokomotive (1829) erwähnt. Die Stahlerzeugung folgte in der Mitte des Jahrhunderts. Zur selben Zeit wurde auch die Elektrizität zu einem wichtigen Wirtschaftsfaktor. 1831 entdeckte der englische Physiker Michael Faraday (1791–1867) das Prinzip der elektromagnetischen Induktion, und William Cooke (1806–1879) und Charles Wheatstone (1802–1875) erfanden 1837 ein praktisches Telegrafensystem.

Foucault besuchte das berühmte Collège Stanislaw in Paris, war jedoch kein guter Schüler. Da er kränkelte, musste er oft daheim durch einen Privatlehrer unterrichtet werden. Aus seiner Schulzeit stammt die lebenslange Freundschaft mit Jules-Antoine Lissajous (1822–1880), der später ein Mitglied der Akademie der Wissenschaften wurde und die Lebenserinnerungen von Foucault aufzeichnete.

Im Jahr 1839 begann Foucault mit dem Studium der Medizin. Während ihn der Umgang mit den Patienten abstieß, war er sehr an den wissenschaftlichen Aspekten der Medizin interessiert. Insbesondere faszinierte ihn der Mikroskopiekurs von Alfred Donné (1801–1878). Auch Donné entwickelte ein Interesse an seinem Studenten.

Foucault hatte nämlich zu dieser Zeit die Arbeiten von Louis-Jacques Daguerre (1787–1851), der eine frühe Methode der Fotografie entwickelt hatte, kennen gelernt. Zusammen mit Armand Hippolyte Louis Fizeau (1819–1896), einem Studienkollegen aus dem Col-

Abbildung 1 / Jean Bernard Léon Foucault (1819–1868)
Selbstporträt um 1840, aufgenommen mit der von ihm und
Fizeau modifizierten Daguerre-Methode (CNAM, Paris)

lège Stanislaw, entwickelte Foucault eine neue Technik der Fotografie, bei der die Belichtungszeit, die bis zu diesem Zeitpunkt eine halbe Stunde dauerte, auf etwa 20 Sekunden reduziert wurde. Dies ermöglichte zum ersten Mal, Menschen zu fotografieren. Das Selbstbildnis von Foucault (Abbildung 1) ist mit dieser Methode aufgenommen worden. Leider konnten weder Fizeau noch Foucault die wirtschaftlichen Erfolge ihrer Entdeckung genießen, da sehr bald diese Art von Fotografie durch eine effizientere abgelöst wurde.

Für Donné war die Weiterentwicklung der Fotografie von entscheidender Bedeutung, da er an einem Buch mit Mikroskopieaufnahmen arbeitete. Außerdem war die Beleuchtung der Objekte unter dem Mikroskop mit natürlichem Licht ein großes Problem. Um es zu lösen, entwickelte Foucault eine elektrische Lampe mit Kohlenstoffwendel. Im Jahr 1845 erschien Donnés Lehrbuch «Ein Kurs der Mikroskopie». Beim zweiten Band war Foucault Ko-Autor, da er viele der Mikroskopieaufnahmen selbst gemacht und dabei auch seine Beleuchtungs- und Fotografiemethode benutzt hatte.

Natürliches Licht war auch für die Beleuchtung von Bühnen wichtig. Deshalb wurde bald die Foucault'sche Beleuchtungstechnik an der Pariser Oper verwendet. So benutzte man sie z. B., um den Sonnenaufgang in Meyerbeers Oper «Der Prophet» zu simulieren.

Im Jahre 1845 legte Donné seine Tätigkeit als wissenschaftlicher Redakteur bei der Tageszeitung «Journal des Débats» nieder und übergab dieses Amt an Foucault. Dessen Aufgabe bestand darin, die wöchentlichen Sitzungen der Akademie der Wissenschaften für die Öffentlichkeit aufzuarbeiten und über die neuesten Entdeckungen und Diskussionen zu berichten. Übrigens war auch der Komponist Hector Berlioz (1803–1869) Berichterstatter für diese Zeitschrift.

Durch seine Tätigkeit als Redakteur befand sich Foucault in ständigem Kontakt mit den bedeutendsten Wissenschaftlern im Paris der damaligen Zeit. Der wohl einflussreichste unter ihnen war François Aragon (1786–1853). Er war zugleich Direktor des Observatoire de Paris, Präsident der Akademie der Wissenschaften und Abgeordneter im Parlament. Zeitweilig bekleidete er sogar ein Ministeramt in der Regierung. Sein Ruhm begründete sich auf die Messung des Meridians, der durch Paris läuft. Zusammen mit Jean-Baptiste Biot (1774–1862), einem jungen Professor für Physik am Collège de France, reiste er 1806 nach Spanien, um diese Aufgabe anzugehen. Während ihrer Arbeit begann 1808 der Freiheitskrieg der Spanier gegen die Franzosen. Aragon und Biot wurden der Spionage bezichtigt und inhaftiert, konnten jedoch wieder fliehen. Unter Triumph kehrten sie 1809 nach Paris zurück, wo man sie schon längst für tot gehalten hatte.

Später arbeitete Aragon an der Messung der Lichtgeschwindigkeit, konnte diese Experimente jedoch aufgrund seiner vielen anderen Tätigkeiten nicht vollenden. Im Jahr 1845 war er auf die Weiterentwicklung der Daguerre-Methode durch Fizeau und Foucault aufmerksam geworden. Er beauftragte sie zunächst, die erste Fotografie der Sonne zu erstellen. Diese Aufgabe konnten sie auch noch im selben Jahr erfolgreich abschließen. Daraufhin übertrug ihnen Aragon sein unvollendetes Problem der Messung der Lichtgeschwindigkeit. Im April 1850 konnte Foucault zeigen, dass sich Licht in einem Medium langsamer ausbreitet als in der Luft.

## Eintritt in die wissenschaftliche Welt

Foucault war sich sehr wohl der Bedeutung seines Keller-Experimentes bewusst. Durch seine Tätigkeit in der Akademie der Wissenschaften und seine Messungen der Lichtgeschwindigkeit für Aragon erkannte er sofort, dass nur dieser ihm die Möglichkeit zur angemessenen Vorstellung seines Experimentes geben konnte. In der Tat erlaubte ihm Aragon, ein Pendel in der Meridianhalle des Pariser Observatoriums aufzuhängen. Foucault betraute den begabten Handwerker Paul Gustave Froment (1815–1865) mit der Konstruktion eines neuen Pendels.

Am 3. Februar 1851 fand sich die Spitze der französischen Wissenschaft im Pariser Observatorium ein und sah, «wie sich die Erde dreht». Die Fachwelt erkannte sofort den Zusammenhang zwischen der Drehung der Schwingungsebene des Pendels und der Rotation der Erde. Jedoch stellten sich auch Verärgerung und Neid ein. Wie konnte ein so eindrucksvoller Effekt von einem Nicht-Mitglied der Akademie gefunden werden, einem Dilettanten, der keinerlei mathematische Vorbildung oder wissenschaftlichen Hintergrund hatte?

Im Jahr 1837 hatte Siméon-Denis Poisson (1781–1840) in einem Artikel festgestellt: «Diese Kraft, die auf die Schwingungsebene des Pendels wirkt, ist zu gering, um es merklich zu bewegen, um einen wahrnehmbaren Einfluss auf seine Bewegung auszuführen.» Ähnliche Bemerkungen waren auch von Pierre-Simon de Laplace (1749–1827) gemacht worden. Foucault's Experiment zeigte jetzt klar, dass diese Vorhersagen falsch waren. Viele Akademiemitglieder versuchten auch zu beweisen, dass der von Foucault gefundene Effekt schon in ihren eigenen Schriften enthalten war. Jedoch erinnerte sich kein Akademiemitglied mehr an den Kollegen Gaspard-Gustave Coriolis (1792–1843). Im Jahre 1835 hatte er eine Arbeit über die Bewegung von Körpern in rotierenden Bezugssystemen geschrieben. Dabei entdeckte er eine Kraft, die der tiefere Grund für die Drehung der Schwingungsebene des Pendels ist. Sie wird heute als die Coriolis-Kraft bezeichnet.

Die Missstimmung in der Akademie der Wissenschaften wurde noch durch den Umstand verschärft, dass Aragon am Tag der Vorführung im Observatorium eine Mitteilung von Foucault verlas. In dieser beschrieb Foucault sein allererstes Pendelexperiment vom Januar im Keller seines Wohnhauses. Insbesondere gab er auch eine Formel für die Zeitdauer T an, die die Schwingungsebene benötigt, um nach einer vollen Drehung wieder in ihre ursprüngliche Lage zurückzukehren. Die Relation

$$T = \frac{24 \; Stunden}{\sin \theta}$$

wird oft als das Sinusgesetz von Foucault bezeichnet und gilt für ein Experiment an einem Ort mit dem Breitengrad $\theta$.

Foucault hat seine Formel ohne Herleitung angegeben. Es wird berichtet, dass er immer mit einer Kugel spazieren ging, die mit Formeln und Zahlen übersät war. Hieraus hat er ohne großen Aufwand die Zeitdauer seines Pendels an jedem Ort der Erde bestimmen können. In den Verhandlungen der Akademie vom 10. Februar erklärte Joseph Liouville (1809–1882), Professor am Collège de France, an den Extremfällen eines Pendels am Nordpol ($\theta = 90°$, d. h. sin 90° = 1) bzw. am Äquator ($\theta = 0°$, d. h. sin 0° = 0), dass das Sinusgesetz von Foucault sinnvoll ist.

Am Nordpol ist die Drehung der Schwingungsebene des Foucault'schen Pendels am einfachsten zu erklären. Dazu betrachten wir zunächst das Problem vom Standpunkt eines ruhenden Beobachters aus, der auf den Nordpol der rotierenden Erde blickt. Für ihn bleibt die Schwingungsebene des Pendels unverändert, jedoch dreht sich die Erde unter der Ebene weg. Nach 24 Stunden hat die Erde eine vollständige Umdrehung ausgeführt. Für einen Beobachter, der auf der rotierenden Erde steht, sieht es dagegen so aus, als ob die Schwingungsebene des Pendels durch eine unsichtbare

Kraft eine vollständige Rotation ausgeführt hat. Da die Erde um eine Achse, die den Nordpol und den Südpol verbindet, rotiert, kann dieses Phänomen nicht am Äquator auftreten. Dort benötigt das Pendel für eine vollständige Umdrehung unendlich lange Zeit. Dies steht in vollständiger Übereinstimmung mit der Vorhersage von Foucault für $\theta = 0°$.

Die Missachtung von Foucault durch die französische Akademie war kein Einzelfall. Schon des Öfteren waren Wissenschaftler, die nicht der Akademie angehörten, ignoriert worden. Ein trauriges Beispiel ist Évariste Galois (1811–1832). Er hatte seine bahnbrechende Theorie der Gruppen an das Akademiemitglied Augustin Cauchy geschickt. Cauchy jedoch verlor diese Arbeit. Im Januar 1831 sandte Galois eine weitere Kopie an den Sekretär der Akademie mit der Bitte, diese Arbeit den Mitgliedern vorzulegen. Poisson wurde beauftragt, den Beitrag vorzutragen, verweigerte aber Galois' Theorie seine Zustimmung. Kurz danach fiel Galois in einem Duell, er war gerade erst 20 Jahre alt.

### DAS PENDEL IM PANTHÉON

Am 20. Dezember 1848 wurde Louis-Napoléon, der Sohn des Bruders von Napoléon Bonaparte, als Präsident der Republik vereidigt. Er war über einen langen Weg mit mehreren Umsturzversuchen und einem Gefängnisaufenthalt schließlich an der Spitze des Staates angelangt.

Louis-Napoleon war sehr interessiert an den Wissenschaften. Während seiner Inhaftierung im Gefängnis von Ham verfasste er Arbeiten zur Elektrizität. Er kannte Foucault und entschied im Frühjahr 1851, einen Pendelversuch im Panthéon durchführen zu lassen.

Das Panthéon war der perfekte Ort für Foucault's Pendel, da das Gebäude eine hohe Kuppel hat. Dennoch hatte diese Wahl nicht nur einen wissenschaftlichen Grund. Louis-Napoléon plante, noch mehr als nur Präsident der Republik zu werden. Wie sein Onkel Napoléon Bonaparte strebte er die Kaiserkrone an. Um dieses Ziel zu erreichen, musste er zunächst seine Macht testen. Das Panthéon war immer der «Tempel der Nation» gewesen. Mit Foucault's Pendel wollte Louis-Napoléon einerseits an die Größe der Nation anknüpfen, aber auch mit dieser öffentlichen Veranstaltung mehr Einfluss bei den Massen gewinnen. In der Tat sollte die Demonstration für die gesamte Bevölkerung offen sein, während das Experiment im Pariser Observatorium nur der Fachwelt vorbehalten gewesen war.

Foucault gab sofort ein neues Gewicht bei Froment in Auftrag. Es wurde eine 28 Kilogramm schwere Kugel von 38 Zentimetern Durchmesser. Die Fadenlänge des Pendels war 67 Meter. Am 27. März 1851 wurde das Pendel zum ersten Mal zum Schwingen angeregt. Louis-Napoléon war mit dem Hofstaat und vielen Adeligen zur Vorführung erschienen. Auch die breite Öffentlichkeit war zugegen. Foucault brannte mit einem Streichholz einen Faden durch, der das Gewicht in seiner Auslenkung festhielt. Danach schwang das Pendel frei und hatte sich nach einer doppelten Schwingung von etwa 16 Sekunden Zeitdauer um 2,5 Millimeter nach links vom Startpunkt weg bewegt.

Für diese eindrucksvolle Demonstration der Rotation der Erde erhob Louis-Napoléon Foucault zum Mitglied der Ehrenlegion. Darüber hinaus schuf er für ihn die Position «Physiker am Observatorium», die erste und einzige feste Anstellung in seinem Leben. Am 31. März 1851 berichtete Foucault wiederum im «Journal de Débat» über eine bemerkenswerte wissenschaftliche Entdeckung. Diesmal war es sein Experiment im Panthéon.

## Foucaults Pendel auf dem Siegeszug

Die Vorführung im Panthéon war keine einmalige Veranstaltung (Abbildung 2). Sie wiederholte sich jeden Donnerstag von 10 Uhr vormittags bis Mittag. Jedoch am 1. Dezember 1851 befahl Louis-Napoléon das Experiment zu beenden. Das Panthéon wurde von seiner weltlichen Funktion als Labor und Volksbildungsstätte wieder seiner kirchlichen Bestimmung zugeführt. Louis-Napoléon wollte Frieden mit der Kirche für seine weiteren politischen Ambitionen.

Abbildung 2 / Besucher beobachten im Panthéon in Paris, wie sich die Schwingungsrichtung des Pendels, das Foucault aufgehängt hat, langsam dreht.

Am nächsten Tag, dem 2. Dezember 1851, löste er nämlich die Nationalversammlung auf und erklärte den Belagerungszustand. Ein Jahr später, am Jahrestag des Sieges seines Onkels Napoléon Bonaparte bei Austerlitz, wählte ihn das französische Volk zum Kaiser von Frankreich.

Der Siegeslauf des Foucault-Pendels hatte gerade erst begonnen.
Am 8. Mai 1851 wurde in der Kathedrale zu Reims ein solches instal-
liert. Mehrere Pendel in England, Amerika und Brasilien folgten.
Sogar im Vatikan, in der Jesuitenkirche von St. Ignatius, wurde
noch im selben Jahr das Experiment wiederholt. Dies war bemer-
kenswert, denn die katholische Kirche hatte seit Jahrhunderten
einen schlagenden Beweis für die Rotation der Erde gefordert. In
Form des Foucault-Pendels akzeptierte sie jetzt endlich diese wissenschaftliche Tatsache. Noch 250 Jahre zuvor hatte die Inquisition den italienischen Pater und Lehrer Giordano Bruno lebendig
verbrannt. Sein Verbrechen war gewesen, die Rotation der Erde zu
lehren.

### LITERATUR

Amir D. Aczel *Pendulum*, New York 2003

R. P. Crease *The Prism and the Pendulum*, New York 2003

Ch. Kittel, W. D. Knight, M. A. Ruderman *Mechanik*,
    Braunschweig 1975

K. Simonyi *Kulturgeschichte der Physik*, Frankfurt 1990

# Bestimmung der Ladung des Elektrons – Millikans Öltröpfchenexperiment

Ralf Hofmann

Die Entdeckung der Quantisierung der elektrischen Ladung in Vielfache einer Elementarladung sowie die Messung ihres genauen Wertes gehören zweifellos zu den weitreichendsten Ergebnissen der physikalischen Experimentierkunst des zwanzigsten Jahrhunderts. Beide Resultate haben sich maßgeblich auf die Entstehung unseres heutigen Bildes vom Elektron ausgewirkt.

Wir verdanken dieses Wissen dem amerikanischen Physiker Robert Andrews Millikan. Die ersten Ergebnisse seiner Experimente zur Elementarladung publizierte Millikan in den Jahren 1910 und 1911, zu einer Zeit also, da das Bohr'sche Atommodell noch nicht existierte und die Quantenmechanik in ihren Kinderschuhen steckte. Zwar wusste man von der *Existenz* des Elektrons, jedoch hatte man keine klaren Vorstellungen über die Anatomie dieses Teilchens, d. h. die Verteilung und Gesamtgröße der mit ihm assoziierten elektrischen Ladung, die zeitliche Konstanz oder Nichtkonstanz derselben und die Ursache für das magnetische Moment dieses Teilchens. Der Elektronenspin, der erst 1925 von S. Goudsmith und G. E. Uhlenbeck als theoretische Folgerung aus der beobachteten Hyperfeinaufspaltung im Wasserstoffspektrum eingeführt wurde, erklärt die beiden Polarisationszustände des Elektrons im äußeren magnetischen Feld. Als Teilchen wurde das Elektron 1897 von J. J. Thomson bei experimentellen Untersuchungen zur Leitfähigkeit von Gasen entdeckt, welche einer Röntgenbestrahlung ausgesetzt sind.

Millikans hervorragende Leistung besteht darin, durch ein ausgefeiltes Präzessionsexperiment, welches auf Vorgängerexperimenten anderer Physiker aufbaute, einen Teil der Identität des

Elektrons aufgedeckt zu haben. Eine treffende Charakterisierung seiner Forscherpersönlichkeit, gegeben durch seinen Freund und langjährigen Kollegen Frank B. Jewett, lautet wie folgt:

> *«Ich glaube nicht, daß Millikan ein großer Physiker von der Art Newtons, Kelvins, Helmholtz' oder J. J. Thomsons ist, also ein Mann, der revolutionäre Ideen produziert oder produzieren wird. Sein Platz ist eher der eines großen Konsolidierers und Experimentators, eines Mannes, der aus der kritischen Analyse der Vorschläge anderer diejenigen Hypothesen herausfiltert, welche ihm korrekt erscheinen, sie in sorgfältig geplanten und durchgeführten Experimenten verifiziert und dadurch schließlich vom Status der Hypothese in den des exakt bewiesenen Faktes überführt.»*

Ein besseres Verständnis dieser Charakterisierung und der wissenschaftlichen Leistung Millikans benötigt eine Beleuchtung der persönlichen und historischen Hintergründe, die die Entwicklung dieses Forschers bis zur Durchführung seines mit dem Nobelpreis für Physik (1924) geehrten Experimentes prägten.

Robert A. Millikan wuchs in einer Kleinstadt namens Maquoteka in Jackson County (Iowa) auf. Sein Vater nahm dort 1875 eine Stelle als Pfarrer für die Kongregationalisten an. Beide Eltern, Silas und Mary Jane, hatten höhere Bildung genossen: Silas hatte ein Theologiestudium am Oberlin College und am Oberlin Theological Seminar absolviert, und auch Mary Jane hatte sich einen Abschluss am Oberlin College erarbeitet. Während Silas in seiner ersten Stellung als Pfarrer in Michigan arbeitete, diente Mary Jane als Frauen-Dekan am Olivet College. Das Gehalt eines Pfarrers in Maquoteka ließ keinen luxuriösen Lebenswandel zu. Silas and Mary Jane zogen ihre sechs Kinder, Robert war das zweite, von einem 1300 $ betragenden Jahresgehalt sowie selbst produzierten landwirtschaftlichen Erzeugnissen auf. In seinen Erinnerungen beschreibt Millikan den Jungen Robert als von zu kleiner Körpergröße, zurückhaltend, nicht so robust wie andere Jungen, aber deswegen auch ausdauernder und ambitionierter. Die Furcht und Unsicherheit des Jungen, die in ihn gesetzten Erwartungen nicht zu erfüllen oder sich nicht das Gefallen anderer Menschen zu sichern, konnte der Erwachsene nie ganz ablegen. Millikan gab im privaten Umfeld öfters zu, dass ihn Selbstzweifel und Ängste plagten. Sogar nachdem er den Nobelpreis erhalten hatte und sich Wohlstand, Ruhm und Sicherheit einstellten, wichen die Zweifel an der Zulänglichkeit seiner Person nie ganz. In Maquoteka kämpfte der kleine Robbie jeden Tag darum, den Erwachsenen in seiner Umgebung zu gefallen. Er arbeitete hart im Dienste der Kirche, sparte sein Geld und war immer pünktlich und zuverlässig.

Nachdem er die High School beendet hatte, arbeitete der junge Robert als Gerichtsstenograph und in einer Sägemühle, um sich das Geld für den Collegebesuch zu verdienen. Er schrieb sich 1886 am Oberlin College, der Hochschule ein, die auch seine Eltern besucht hatten. Nachdem Millikan im Jahre 1891 seinen Abschluss als Bachelor of Arts erhalten hatte, blieb er zwei weitere Jahre am Oberlin College, um als Tutor für ein Jahresgehalt von 600 $ in Grundlagenkursen Physik zu lehren. Er nutzte diese Zeit auch dazu, sein naturwissenschaftliches Wissen, welches neben dem im Selbststudium erworbenen physikalischen Gedankengut auf rudimentären Sachverhalten aus der Analysis, der Biologie sowie der Astronomie beruhte, durch das Belegen von Kursen in einem neu am Oberlin College eingeführten Studiengang Naturwissenschaften zu erweitern. Es war sein Professor John Fisher Peck, der Millikan dazu ermutigte, sich auf eine Physikkarriere an der Columbia-Universität vorzubereiten. Seine alte Unsicherheit ließ ihn auch in jener Zeit nicht los, und so war Millikan überrascht, als ihm ein Stipendium für eine Doktorarbeit an dieser Universität zugesprochen wurde. Zu jener Zeit gab es nur eine herausragende Forschungsstätte in den Vereinigten Staaten auf dem Gebiet der Naturwissenschaften: die Johns-Hopkins-Universität. Ungefähr die

Hälfte der Physik-Doktorentitel, die in den frühen 1890ern an Amerikaner verliehen wurden, wurden jedoch von deutschen Universitäten verliehen. Die naturwissenschaftliche Fakultät der Columbia-Universität hatte noch keinen einzigen Doktortitel für Physik verliehen. Im Gegensatz zu vielen europäischen Einrichtungen lag der Fokus amerikanischer Ausbildungsprogramme im Allgemeinen auf der experimentellen Arbeit.

Die Aufgabe zukünftiger Physik-Doktoren bestand meist darin, Präzessionsexperimente vorzunehmen, die direkt auf der Arbeit von Vorgängern aufbauten. Das Hauptanliegen der Ausbildung war, den Kandidaten zur mentalen Disziplin zu erziehen, um ihn für eine Führungsposition in der schnell wachsenden amerikanischen Gesellschaft zu qualifizieren. Das Physikdepartment der Columbia-Universität war eine eher untypische Institution, wohl auch wegen seiner relativen Bedeutungslosigkeit in der amerikanischen Physiklandschaft. Eigenen Angaben zufolge zog es Millikan vor, von Professoren zu lernen, die nicht diesem Department angehörten. Das könnte auch einer der Gründe dafür gewesen sein, warum er sein Stipendium nach einem Jahr schon wieder verlor. Nach einjähriger Graduiertenarbeit in New York schrieb sich Millikan im Jahre 1894 als Sommerstudent am Ryerson Laboratorium der Universität Chicago ein, um mit einem der berühmtesten amerikanischen Physiker, Albert Michelson, zusammenzuarbeiten. Seine Professorenstelle in Chicago hatte Michelson unter anderem für das zusammen mit Morley ausgeführte Experiment zur Ätherdrift erhalten. Dieses Experiment hatte die Unabhängigkeit des Wertes der Lichtgeschwindigkeit von der Geschwindigkeit eines sich relativ zum postulierten Weltäther bewegenden Beobachters sichergestellt. Es bildete damit die experimentelle Grundlage für die Aufstellung der Speziellen Relativitätstheorie durch Albert Einstein im Jahre 1905. Zur Zeit als Millikan in Chicago eintraf, beschäftigte sich Michelson ausschließlich mit der Messung von Längen. Infolge dieser Aktivitäten etablierte sich Michelson gänzlich zum Apostel der Präzessionsmessung, ein Tatbestand, der durch die Verleihung des Nobel-Preises für Physik im Jahre 1907 gewürdigt wurde. Millikan bewunderte die Eleganz, mit der Michelson seine Beobachtungen bewerkstelligte, den Analysen der gesammelten Daten nachging und seine Forschungsergebnisse in Seminaren und Vorlesungen präsentierte. Für Millikan war Michelson seiner bisherigen Erziehung entsprechend das Sinnbild des idealen Physikers. Nachdem Millikan einen fruchtbaren Sommer in Chicago verbracht hatte, kehrte er an die Columbia-Universität zurück. Seinen Lebensunterhalt verdiente er sich nun durch Tutorenarbeit. Die Forschung, der sich Millikan auf Anregung seines Professors Rood im Herbst 1894 widmete, war eine experimentelle Untersuchung der Polarisation von Licht, das von geschmolzenen Metallen emittiert wird. Millikan widerlegte die Vermutung des französischen Physikers Arago, dass das Licht deswegen polarisiert wäre, weil es im Inneren des Metalls erzeugt und auf seinem Weg zur Oberfläche mehrfach gestreut würde. Er konnte experimentell beweisen, dass ein Großteil des Lichtes an der Oberfläche des Metalls erzeugt wird und danach innerhalb einer dünnen Luftschicht, welche an die Metalloberfläche angrenzt, mehrfach gestreut und reflektiert wird. Die Polarisation des austretenden Lichtes wird also auf diese Weise erzeugt. Millikan veröffentlichte die Früchte seiner ersten eigenen Forschungsarbeit in den *Transactions of the New York Academy of Science* im April 1895 und später im *Physical Review*.

Während seiner Zeit als Doktorand an der Columbia Universität freundete Millikan sich mit Michael Pupin an, einem etwa zehn Jahre älteren Physiker, der in Deutschland bei Hermann von Helmholtz und Gustav Robert Kirchhoff studiert hatte. Pupin riet Millikan, seine Ausbildung in Deutschland fortzusetzen und bei dem großen Physiker Helmholtz zu studieren. Helmholtz verstarb jedoch, bevor die Reise nach Deutschland angetreten werden konnte, und folglich musste sich Millikan nach alternativen Möglich-

keiten für seine Ausbildung umsehen. Nachdem er in Europa ein-
getroffen war, unternahm er eine große Fahrradwanderung mit
mehrmonatigen Zwischenstopps an berühmten Forschungsstätten wie Jena, Paris und Berlin. Die Aufenthalte an diesen Universitäten dienten der Sondierung der Situation und waren nie lang
genug, um ernsthafte Forschungsarbeit leisten zu können.
Schließlich schrieb sich Millikan an Walter Nernsts Laboratorium
für Physikalische Chemie in Göttingen ein, um zusammen mit
Nernst an einer experimentellen Überprüfung der von Ottaviano
Mossotti aufgestellten Formel über den Zusammenhang der di-
elektrischen Konstante $\varepsilon$ mit der Dichte eines Materials zu arbeiten. Der Beweis für die Richtigkeit dieser Formel konnte erbracht
werden und führte zur Veröffentlichung eines weiteren For-
schungsartikels. Millikans Arbeit in Göttingen fiel zeitlich mit
einer Reihe von bahnbrechenden experimentellen Entdeckungen
zusammen: dem Nachweis der Kathodenstrahlen im Jahre 1895,
deren Entstehung durch die Entdeckung des Elektrons durch J. J.
Thomson im Jahre 1897 erklärt werden konnte, der Entdeckung der
Röntgenstrahlung am Ende des Jahres 1895 und der Entdeckung
der Radioaktivität durch Henri Becquerel im Jahre 1896. Millikan
hatte bemerkt, dass die Physik kurz vor einem historischen Um-
sturz stand. Jedoch war er zu jener Zeit eher ein Beobachter als ein
Mitgestalter dieses Umsturzes. Im Sommer des Jahres 1896 erreichte Millikan ein Angebot von Michelson, bei ihm in Chicago als Assistent zu arbeiten. Millikan nahm dieses Angebot sofort an. Er
erhoffte sich für seine Arbeit unter Michelson am Ryerson Laboratorium, die er im Herbstsemester 1896 aufnahm, eine angemesse-
ne Freiheit, seinen eigenen experimentellen Forschungen nachzu-
gehen. Dies sollte jedoch vorerst nicht eintreten.

Man bürdete Millikan von Anfang an eine große Last in der
akademischen Lehre und bei der Weiterbildung von Lehrern an
Chicagos öffentlichen Schulen auf. Darüber hinaus erwartete man
von ihm seitens der Universitätsadministration, dass er sich am

Ausgleich des Defizits des amerikanischen Bildungssystems in Bezug auf moderne Lehrbücher beteiligte. In seiner Zeit am Ryerson Laboratorium trug Millikan als Autor oder Co-Autor zur Erstellung von fünf Lehrbüchern bei. Er arbeitete mit Geduld und Ausdauer die Hälfte seines Zwölfstundentages als akademischer Lehrer und nutzte die andere Hälfte, um vorsichtig sein eigenes Forschungsprogramm aufzustellen und zu verfolgen. Seine ersten eigenständigen Experimente schlugen jedoch fehl oder waren nur von mäßigem Erfolg gekennzeichnet. Vielleicht lag das neben der starken Lehrbelastung auch daran, dass im amerikanischen System kein großer Wert auf riskante Neuerungen gelegt wurde, so wie sie in Europa zu jener Zeit an der Tagesordnung waren. Damit bestand immer die Gefahr, dass ein Forschungsprojekt in ähnlicher Form schon durchgeführt worden war oder zeitgleich anderswo durchgeführt wurde. Millikan emanzipierte sich von diesem System erst nach etwa vier Jahren eigenständiger Forschungsarbeit. Der Anlass war höchstwahrscheinlich ein Besuch des Internationalen Physikkongresses in Paris im Sommer des Jahres 1900, der im Zuge der Weltausstellung stattfand. Während dieses Kongresses hatte Millikan die Gelegenheit, Vorlesungen von Becquerel und den Curies zu hören, welche ihn stark stimuliert haben müssen.

Nachdem er nach Chicago zurückgekehrt war, begann er an zwei Themen der *modernen* Physik zu arbeiten: der Radioaktivität und der Theorie der Metalle.

Robert Millikan heiratete Greta Blanchard im April des Jahres 1902. Während der sieben Monate andauernden Flitterwochen, die das Paar in Europa verbrachte, besuchte Millikan mehrere Laboratorien. Und wieder war der Einfluss europäischer Forschungsstätten auf seine eigene Arbeit sehr groß. Ein interessanter Nebeneffekt des sich immer stärker fokussierenden Interesses auf moderne Entwicklungen war, dass sich die Themen seiner Vorlesungen mehr und mehr mit denen seiner Forschungsarbeit deckten: der Ladung des Elektrons, einer modernen Fassung der kinetischen Theorie sowie der Radioaktivität. In den Jahren 1903–1904 war besonders die Letztere im Fokus seiner Untersuchungen. Millikan war von solchen experimentellen Ergebnissen wie der Unabhängigkeit der Aktivität einer radioaktiven Substanz von Temperatur und Druck sowie der Tatsache, dass schwerere Elemente in leichtere zerfallen, fasziniert. Er initiierte eine umfassende Studie amerikanischer radioaktiver Erze, um festzustellen, ob Erze wie Pechblende, die einen hohen Radiumanteil haben, alle vom Uran herrühren. Als er jedoch feststellte, dass sein Kollege Herbert McCoy am Chemischen Institut ähnliche Arbeit vornahm und dabei weiter fortgeschritten war als er selbst, drosselte er seine eigenen Aktivitäten auf diesem Gebiet. Nach einem kurzen und erfolglosen Intermezzo zu Untersuchungen von elektrischen Entladungen zwischen Metalloberflächen verlegte sich Millikan zu Ende des Jahres 1903 auf Untersuchungen im Rahmen der Theorie der metallischen Leitfähigkeit. Zu jener Zeit glaubte man, dass gewöhnliche Metalle radioaktiv seien, und so versuchte man, eine Verbindung zwischen der elektrischen Leitfähigkeit und dem Phänomen der Radioaktivität herzustellen. Deswegen verwundert es auch nicht, dass Millikans Forschungsprojekt zur Theorie der elektrischen Leitfähigkeit unter dem Sammelbegriff Radioaktivität in seinen Berichten gegenüber dem Ryerson Laboratorium erwähnt wird.

Die erste moderne Theorie der elektrischen Leitfähigkeit von Metallen wurde von Wilhelm Weber Mitte des neunzehnten Jahrhunderts aufgestellt. Diese ging davon aus, dass positive und negative Ladungen ungestört zwischen den Molekülen des Metalls propagieren, jedoch von den Letzteren für kurze Zeit gefangen gehalten werden. Dieses Szenario konnte den elektrischen Widerstand erklären. Eduard Riecke, ein Lehrer Nernsts, benutzte das Weber'sche Bild, um im Jahre 1898 eine Beziehung zwischen der thermischen und der elektrischen Leitfähigkeit von Metallen abzuleiten. Der Physiker Paul Drude erweiterte die Riecke'schen Arbeiten. Seiner Theorie zufolge war das positiv oder negativ geladene Elektron von variierender Größe und hatte eine elektrische Ladung, die ein ganzzahliges Vielfaches einer Elementarladung war. Dem modernen Verständnis der metallischen Leitfähigkeit entsprach qualitativ aber erst ein Vorschlag J. J. Thomsons, der auf dem Pariser Kongress im Jahre 1900 präsentiert wurde. Thomson verstand das Metall als einen Schwamm, der aus schweren positiv geladenen Ionen besteht, durch den sich sehr viel leichtere und damit schnellere negative Ladungsträger bewegen, die Elektronen. Nach Thomsons Theorie befinden sich die Elektronen im thermodynamischen Gleichgewicht. Thomson wandte seine Theorie auf den photoelektrischen Effekt an, der im Jahre 1888 von Wilhelm Hallwachs entdeckt worden war. Hallwachs hatte gezeigt, dass die Bestrahlung einer negativ geladenen und mit einem Elektroskop verbundenen Zinkplatte mit ultraviolettem Licht zur schnellen Entladung des Elektroskopes führt. Eine experimentelle Erklärung dieses Effektes wurde im Jahre 1899 unabhängig von Thomson und Philipp Lenard gegeben. Beide Forscher zeigten, dass die Elektroskopentladung mit der Emission von Elektronen aus der Metalloberfläche heraus einherging. Die folgenden wichtigen Einzelheiten des Effektes wurden erst nach dem Jahr 1900 entdeckt: Metalle können entsprechend ihrer Photoaktivität geordnet werden; Photoelektronen werden nur dann von einem Metall emittiert, wenn die Frequenz des einfallenden Lichtes größer als eine metallspezifische Grenzfrequenz ist. Dieser Tatbestand ist zwanglos im Rahmen von Einsteins Lichtquantenhypothese aus dem Jahre 1905 durch metallspezifische Austrittsarbeiten erklärt, die von den Photonen geleistet werden muss. Eine weitere experimentell gesicherte Tatsache ist, dass die maximale Energie von Photoelektronen nicht von der Intensität des eingestrahlten Lichtes, sondern nur von dessen Frequenz abhängt. Hier wurde ein erster Widerspruch zur Thomson'schen Theorie sichtbar, in der ja die Emission von Elektronen durch thermisches Abdampfen aus dem Metallverbund beschrieben wurde. Nach Thomson hätte die maximal erreichte kinetische Energie der Photoelektronen proportional zur Oberflächentemperatur des Metalls sein müssen. Letztere hängt wiederum von der Intensität des eingestrahlten Lichtes ab. Die Lenard'sche Auffassung, dass die kinetische Energie der Photoelektronen nicht durch die Energie des einfallenden Lichtes entsteht, sondern durch den vom einfallenden Licht ausgelösten Zerfall von Atomen freigesetzt wird, steht ebenfalls im Widerspruch zur Frequenzabhängigkeit der maximalen Energie von Photoelektronen. Im Gegensatz zur Thomson'schen Theorie sagt jedoch Lenards Szenario voraus, dass diese maximale Energie nicht von der Temperatur abhängig sein kann.

Dies ist der Punkt, an dem Millikan ansetzte. Zusammen mit seinem Doktoranden George Winchester unternahm er eine Reihe von Messungen zur Temperaturabhängigkeit des photoelektrischen Effektes. Die Ergebnisse dieser Arbeit sind in Winchesters Doktorarbeit aus dem Jahre 1907 sowie einer gemeinsamen Publikation im *Physical Review* im selben Jahr zusammengefasst. Sie besagen, dass wie bei der Radioaktivität keine Abhängigkeit des photoelektrischen Effektes von der Metalltemperatur besteht. Millikan und Winchester vermuteten, dass dieses Ergebnis durch ein Resonanzphänomen erklärt werden könnte, bei dem in den Atomen gebundene Elektronen mit einer Eigenfrequenz, die der Frequenz des einfallenden Lichtes entspricht, freigesetzt werden. Diese Erklärung ist nur dann unproblematisch, wenn man voraussetzt, dass das Spektrum von Bindungsenergien kontinuierlich ist, eine Annahme, die sich erst viel später als falsch erweisen sollte. Die fehlende Anerkennung für seine Arbeit zum photoelektrischen Effekt und für seine anderen Versuche, als Experimentator die modernen Entwicklungen in der subatomaren Physik mitzugestalten, führten bei Millikan zu Enttäuschung und Frustration.

Als ein Mann von vierzig Jahren war er sich nunmehr sicher, dass keine Zeit zu verschwenden war bei der Verfolgung von Forschungsthemen, die an der Grenze des damaligen physikalischen Weltbildes lagen. Möglicherweise war die Phase der Niedergeschlagenheit, welche seinen früheren fehlgeschlagenen Versuchen folgte, sich in der Gemeinschaft der forschenden Physiker einen Namen zu machen, notwendig, um den Fokus auf seinen großen zukünftigen Beitrag zu lenken und zu stabilisieren: die Präzessionsmessung der Ladung des Elektrons. Die Verfolgung dieses Projektes war thematisch kein großes Risiko, da der Beweis der Existenz dieses Teilchens durch Experimente mit Kathodenstrahlen und den photoelektrischen Effekt schon erbracht war.

Die Elektronenladung war jedoch vor Millikans Experiment nur größenordnungsmäßig bekannt. Einige Physiker bezweifelten sogar, dass die elektrische Ladung quantisiert sei. Es war daher von großer Bedeutung für die vereinheitlichte Theorie der metallischen elektrischen und thermischen Leitfähigkeit in der Festkörperphysik, für die aufkommende Atomphysik und für die physikalische Chemie, dass der elektrischen Ladung des Elektrons auf experimentellem Wege ein genauer Wert zugeschrieben wurde. Für Millikan persönlich könnte die Arbeit an diesem Projekt ein möglicher Schlüssel zur Anerkennung seiner Forschungsarbeit durch seine Kollegen in Chicago, allen voran Michelson, und auch durch andere weltweit führende Experimentalphysiker gewesen sein.

Wichtige Vorarbeiten zur Bestimmung der Elektronenladung waren bereits von J. J. Thomson und seinem Studenten H. A. Wilson erbracht worden. Thomson benutzte die so genannte Nebelmethode, welche die Beobachtung des ebenfalls in Cambridge arbeitenden Physikers C. T. R. Wilson ausnutzte, dass geladene Teilchen im gesättigten Wasserdampf als Kondensationskeime für die Bildung von Wassertröpfchen wirken. Er setzte ein Volumen feuchter Luft ionisierender Röntgenstrahlung aus und maß die totale Ladung der sich bildenden Nebelwolke mit Hilfe eines Elektrometers. Durch Abzählen der Tröpfchen in einem Teilvolumen und anschließender Extrapolation auf das Gesamtvolumen konnte Thomson die mittlere Ladung eines Tröpfchens bestimmen. Sein Student Wilson verbesserte die Nebelmethode, indem er die Nebelwolke zwischen zwei Kondensatorplatten erzeugte. Ein elektrisches Feld parallel zum Schwerefeld im Raum zwischen den Platten konnte so ein- und abgeschaltet werden. Die Grenzgeschwindigkeit eines fallenden Wassertröpfchens kann nun mit Hilfe des Stokes'schen Gesetzes aus der Viskosität der Luft, dem Tröpfchenradius, der Dichte des Wassers, dem Wert des elektrischen Feldes $E$ sowie der elektrischen Ladung des Tröpfchens berechnet werden. Wilson konnte Tröpfchen noch nicht einzeln auflösen und damit ihr individuelles Verhalten beobachten. Da er jedoch an der Messung der minimalen elektrischen Ladung $e$ eines Tröpfchens interessiert war, beobachtete er kollektiv nur diejenigen Tröpfchen, deren Grenzgeschwindigkeit am geringsten war, d. h., er konzentrierte sich auf den oberen, scharfen Rand der Nebelwolke. Wilson konnte nun die Geschwindigkeiten $V$ und $v$ des Randes in An- und Abwesenheit des elektrischen Feldes experimentell ermitteln. Die Ladung $e$ ergibt sich dann gemäß der Formel

$$e = 3.1 \times 10^{-9} \frac{g}{E} (V - v) \sqrt{v},$$

wobei $g$ eine bekannte Konstante bezeichnet. Das Wilson'sche Experiment war noch mit einigen Unzulänglichkeiten behaftet. Zum Beispiel wurden Messungen der Geschwindigkeiten $V$ und $v$ nicht an ein und derselben Wolke durchgeführt, sondern an verschiedenen Wolken, die sich während aufeinander folgender Expansionen der Nebelkammer bildeten. Dies war notwendig, da die Wassertröpfchen zu schnell verdampften, um eine in statistischer Hinsicht vernünftige Anzahl von Geschwindigkeitsmessungen an ein und derselben Wolke durchführen zu können. Die Berechnung der Elementarladung gemäß der obigen Formel setzt jedoch voraus, dass die Bedingungen in verschiedenen Wolken identisch sind. Es war jedoch höchst fragwürdig, ob dieses Kriterium erfüllt war. Außerdem wären systematische Fehler zu verringern gewesen, indem man die Messungen der Grenzgeschwindigkeit $v$ bei einer möglichst großen Anzahl von stark differierenden Feldstärkewerten $E$ durchgeführt hätte. Dies war jedoch mit der einen Batterie, die Wilson zur Verfügung stand, nicht möglich. Wilson unternahm elf Messreihen zur Bestimmung von $e$. Seine erhaltenen Werte, gemessen in elektrostatischen Einheiten (e.s. u.), variierten von $e = 2.0 \times 10^{-10}$ bis $e = 3.8 \times 10^{-10}$ mit einem Mittelwert von $e = 3.1 \times 10^{-10}$. Da einige der Wilson'schen Messreihen Ergebnisse lieferten, die innerhalb ihrer statistischen Fehler nicht miteinander konsistent waren, und da mögliche Ursachen für diese Inkonsistenz leicht zu identifizieren waren, sah Millikan die Verfeinerung der Wilson'schen Methode als ein lohnendes Projekt an. Darüber hinaus vertraten führende Physiker wie Thomson die Ansicht, dass eine genaue Bestimmung der Elementarladung von fundamentaler Wichtigkeit wäre.

Millikan begann also im Herbst 1907, Wilsons Experiment zu wiederholen. Er und sein Student Louis Begeman begannen wie Wilson Röntgenstrahlung zu benutzen, um die Luft im Testvolumen zu ionisieren. Bald bemerkte man jedoch, dass Röntgenstrahlung ungeeignet war, da die Strahlung ein zu weites Spektrum hat und damit zu einer zu großen Streuung der Geschwindigkeitswerte $v$ führt. Deswegen tauschten Millikan und Begeman die Röntgenquelle gegen eine Radiumquelle aus. Letztere bestand aus einer 200 Milligramm wiegenden 1 %-igen Radiumkomponente. Weiterhin benutzten sie, dem Vorschlag Wilsons folgend, Potenzialunterschiede zwischen den Kondensatorplatten, welche im Bereich von 1600 bis 3000 Volt lagen. Die Durchführung von zehn Messreihen mit der modifizierten Apparatur erbrachte einen Mittelwert von $e = 4.03 \times 10^{-10}$ e.s.u.

Millikan war jedoch immer noch nicht zufrieden mit seiner Messung. Ihn beunruhigten die Störungen in der Nebelwolke, die durch Verdampfung von Wassertröpfchen und Verdünnung hervorgerufen wurden. Im Sommer des Jahres 1908 erkannte er, dass sich das Problem der Wolkenauflösung in einen Vorteil bei der Messung umwandeln lässt. Die sich ausdünnende Wolke erlaubt nämlich die Beobachtung einzelner Tröpfchen und damit die Effekte individueller Elektronen, eine Möglichkeit, welche die Unsicherheiten in der Wilson'schen Methode ausschließt. Millikan wandte die so genannte Tröpfchen-im-Gleichgewicht-Methode an. Er beobachtete Tröpfchen, welche im Kräftegleichgewicht der Schwerkraft und der Kraft des elektrischen Feldes an einem Ort suspendiert waren. Nachdem nun das elektrische Feld plötzlich ausgeschaltet worden war, fielen manche der vormals suspendierten Tröpfchen langsamer als andere. Langsam fallende Tröpfchen benötigen weniger elektrische Ladung als schneller fallende, um bei eingeschaltetem Feld suspendiert zu sein. Eine genaue Beziehung zwischen der Grenzgeschwindigkeit eines einzelnen Tröpfchens und der mit ihm assoziierten totalen Ladung konnte Millikan aus dem Stokes'schen Gesetz und einer einfachen geometrischen Betrachtung ableiten. Um jedoch aus der totalen Ladung die Elementarladung $e$, falls diese überhaupt existierte, bestimmen zu können, musste festgestellt werden, ob die gemessenen totalen Ladungen der individuellen Tröpfchen sich als ganzzahlige Vielfache von $e$ schreiben ließen. Millikan stellte fest, dass das in der Tat der Fall war, und ermittelte $e$ zu $e = 4.65 \times 10^{-10}$ e.s.u.

Die letzte Unsicherheit in seinem Experiment war mit der schnellen Verdampfung der Tröpfchen verbunden. Dieses Problem löste Millikan, indem er seine Nebelwolken nicht aus gesättigtem Wasserdampf durch ionisierende Strahlung erzeugte, sondern aus einem speziell gereinigten Gasmotorenöl oder Maschinenöl durch Zerstäubung. Der von ihm benutzte Zerstäuber, welcher von dem Ryerson-Kollegen J. Y. Lee erfunden worden war, funktioniert nach dem gleichen Prinzip wie die auch heute noch in Friseurgeschäften verwendeten Zerstäuber für Haarlack. Durch den Zerstäubungsprozess entstehen zwangsläufig Ladungstrennungen durch die Reibung des Öls am Rand der Glaskapillare. Um jedoch noch mehr freie Ladungen in der Umgebung des zu beobachtenden Tröpfchens zu erzeugen, bestrahlte Millikan das Volumen zwischen den Kondensatorplatten mit Hilfe einer Röntgenquelle. Im Jahre 1910 führte er die Öltröpfchenexperimente zusammen mit seinem Studenten Harvey Fletcher aus, in den Jahren 1911 bis 1917 allein. Die Versuchsanordnung, beschrieben in Millikans Veröffentlichung des Jahres 1913 im *Physical Review*, ist in der Abbildung wiedergegeben. Der Wassertank G war zur Wärmeisolation um das Luftvolumen D angeordnet worden. Durch die Düse A wurde die Öltröpfchenwolke erzeugt, die sich langsam in Richtung der beiden Kondensatorplatten M und N senkte. Die Spannung zwischen diesen Platten konnte über den Potenziometerfinger B geregelt werden. In der kleinen Box X am rechten unteren Rand wurde die Röntgenstrahlung erzeugt, welche durch ein Glasfenster g das Testvolumen zwischen den Platten M und N erreichte. Am linken unteren Rand war ein Teleskop montiert, mit dem einzelne Tröpfchen beobachtet werden konnten. Bei Anwesenheit des elektrischen Feldes konnte Millikan kleine Änderungen in der Grenzgeschwindigkeit eines Tröpfchens feststellen und damit direkt eine Ladungsänderung durch Ioneneinfang oder Ionenverlust bzw. durch Elektroneneinfang oder Elektronenverlust beobachten. Millikan entdeckte, dass diese Änderung der Tröpfchenladung ganzzahlige Vielfache einer Zahl $e$ waren, die er mit immer kleiner werdendem Fehler bestimmte. Sein endgültiges Resultat des Jahres 1917 war $e = 4.774(\pm 0.005) \times 10^{-10}$ e.s.u. und entspricht damit einer relativen experimentellen Genauigkeit im Bereich von $\frac{1}{1000}$!

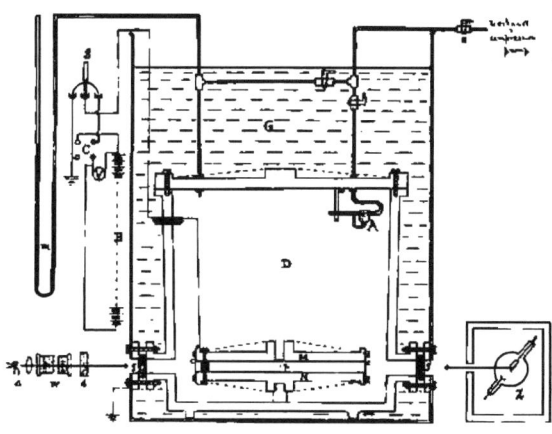

Abbildung 1 | Versuchsanordnung von Millikan aus seinem Artikel in
*Physical Review* 2, S. 109 – 143 (1913)

Die außerordentlich wichtige Entdeckung Millikans bestand darin,
die Quantisierung der elektrischen Ladung direkt beobachtet zu
haben. Skeptiker dieser Hypothese, wie zum Beispiel der Physiker
Felix Ehrenhaft, konnten nun zum Ladungsatomismus bekehrt
werden und bahnbrechende Entwicklungen in der Atomphysik,
der Festkörperphysik und der Quantentheorie wurden dadurch
erst möglich. Bei bisher durchgeführten Hochenergie-Streuexpe-
rimenten wurde noch kein Teilchen in einem Detektor erzeugt, das
eine elektrische Ladung getragen hätte, die nicht ein ganzzahliges
Vielfaches von $e$ ist. Allerdings erweist es sich als theoretisch zwingend, manchen Teilchen, welche nur in Bindungszuständen vor-
kommen können, gebrochenzahlige elektrische Ladung zuzuord-
nen. Dies ist der Fall für die so genannten Quarks, welche durch die
starke Wechselwirkung permanent in so genannten Hadronen ge-
bunden sind. Man ordnet zum Beispiel dem up-Quark eine elektrische Ladung von $\frac{1}{3}e$ zu, während das down-Quark formal eine La-

dung von $-\frac{2}{3}e$ trägt. Beide Sorten von Quarks sind im einzigen Hadron, das in Isolation stabil ist, dem Proton, enthalten. Bekanntlich trägt das Proton eine Ladung von +1$e$. Die Frage nach dem Warum der Ladungsquantisierung in ganzzahlige Vielfache der Zahl $e$ kann im so genannten Standardmodell der Elementarteilchenphysik, welches zurzeit als Grundlage für die Beschreibung der Wechselwirkung der bekannten Elementarteilchen dient, nur auf dem Niveau einer Konsistenzbedingung beantwortet werden. Der Wert von $e$ wird im Standardmodell nicht vorhergesagt, sondern als ein im Experiment zu bestimmender Parameter eingeführt. Allerdings sagt das Standardmodell voraus, wie sich der Wert von $e$ als Funktion eines typischen Impulsübertrages in einem Streuprozess zwischen Teilchen mit elektrischer Ladung entwickelt.

Mit dem Namen Robert A. Millikan sind weitere wichtige Beiträge verbunden: Die experimentelle Überprüfung von Einsteins Lichtquantenhypothese mittels des photoelektrischen Effektes sowie die damit einhergehende direkte Bestimmung von Plancks Wirkungsquantum $h$ und genauere Untersuchungen des Spektrums kosmischer Strahlung, welche Einsichten in die Nukleosynthese ausgehend vom Wasserstoff gaben.

    Robert Andrews Millikan erhielt den Nobelpreis für Physik im Jahre 1924 für seine Arbeiten zur Bestimmung der Elementarladung sowie die experimentelle Überprüfung der Lichtquantenhypothese. Beide Ergebnisse erforderten einerseits ein hohes Maß an Ausdauer und Arbeitsaufwand, andererseits aber auch die Überzeugung, dass eine Vertiefung unseres Verständnisses der Natur nicht nur auf theoretischen Spekulationen, sondern auch auf präzise ermittelten experimentellen Tatsachen aufbaut.

## LITERATUR

Robert H. Kargon *The Rise of Robert Millikan. Portrait of a life in American Science.* London 1982

## RUTHERFORDS ENTDECKUNG DES ATOMKERNS MIT HILFE DES GEIGER-MARSDEN-EXPERIMENTS

Günter Staudt

Als im Jahre 1909 die beiden jungen Physiker Hans Geiger und Ernest Marsden mit den Experimenten begannen, die zur Entdeckung des Atomkerns führten, war Prof. Ernest Rutherford, der seine Mitarbeiter zu diesen Untersuchungen in seinem Labor in Manchester angeregt hatte, bereits ein berühmter Mann: Ein Jahr zuvor war ihm in Stockholm der Nobelpreis verliehen worden.

Die Entdeckung des Atomkerns revolutionierte das Bild vom Atom, das sich die Physiker bis dahin von diesem Grundbaustein der Materie gemacht hatten. In Verbindung mit der gerade aufblühenden Quantenphysik entwickelte sich das Rutherford'sche Atommodell sehr schnell zum Bohr'schen Atommodell, dem Ausgangspunkt der Quantenmechanik, die in der Welt der Atome an die Stelle der klassischen Mechanik tritt.

Ernest Rutherford war 37 Jahre alt, als ihm der Nobelpreis verliehen wurde. Er wurde im Jahr 1871 in einem kleinen Ort nahe dem Städtchen Nelson in Neuseeland geboren. Seine lebenslange Verbundenheit mit der Heimat dokumentierte er damit, dass er den Namen «Lord Rutherford of Nelson» annahm, als ihm im Jahre 1931 zu Ehren seines sechzigsten Geburtstags der Adelstitel verliehen wurde. Seine Persönlichkeit war von seiner Herkunft geprägt: Er bezeichnete sich selbst stets als «Anhänger der Einfachheit, da er selbst ein einfacher Mann sei». Und so wurde diese bedeutende Persönlichkeit auch von ihren Zeitgenossen empfunden.

Nach seiner Grundausbildung an einem College in Neuseeland erhielt er ein Stipendium nach England. Er ging im Jahr 1895 als Forschungsstudent zu dem damals schon berühmten Physiker J. J. Thomson an das Cavendish-Laboratorium in Cambridge. In den drei Jahren, die er dort verbrachte, lernte er die «moderne Physik» kennen, die sich mit Atomen und Ionen, also mit Atomen, die eine elektrische Ladung tragen, beschäftigte. Thomson untersuchte die Wechselwirkung bewegter Ionen mit elektrischen und magnetischen Feldern, er entdeckte ein negativ geladenes Teilchen, das eine sehr kleine Masse besitzt: das Elektron. Die Existenz eines Teilchens, das leichter ist als ein Atom, war eine physikalische Sensation. Seit Beginn des 19. Jahrhunderts galten Atome als die Grundbausteine der Materie. Chemiker hatten auch Methoden zur Bestimmung des Atomgewichts entwickelt. Das Atomgewicht A gibt an, um wie viel das Atom eines chemischen Elements schwerer ist als das Wasserstoffatom. So hat z. B. Helium A = 4, Aluminium A = 27, Gold A = 197, Uran A = 238. Und nun war ein Teilchen gefunden worden, das man in dieser Reihe mit der Zahl A = 0,0005 belegen müsste! Die Entdeckung des Elektrons, das man heute zu den Elementarteilchen zählt und dessen elektrische Ladung «Elementarladung $e_0$» genannt wird, machte J. J. Thomson zum – modern ausgedrückt – ersten Teilchenphysiker. Die Entdeckung brachte ihm im Jahr 1905 den Nobelpreis für Physik ein.

Rutherford hat Thomsons Experimente und das Ergebnis in Cambridge miterlebt. Er ging im Jahr 1898 als Professor für Physik an die McGill-Universität in Montreal. Zwei Jahre zuvor hatte Henri Becquerel in Paris eine geheimnisvolle «Uranstrahlung» entdeckt, die sich ähnlich wie die kurz vorher von Wilhelm Conrad Röntgen entdeckte X-Strahlung bemerkbar macht: Sie kann Materie durchdringen, Photoplatten schwärzen, ionisieren. In vielen Labors begannen die Physiker sich mit diesem bald Radioaktivität genannten Phänomen zu beschäftigen: In Paris isolierte das Ehepaar Frederic und Marie Curie aus der Uranpechblende die radioaktiven Elemente Polonium und das stark strahlende Radium. In Wien wurde das Radiuminstitut gegründet und das Atomgewicht von Radium bestimmt. In Montreal untersuchte Rutherford zusammen mit dem jungen Chemiker Frederick Soddy den radioaktiven Zerfall von Thorium und die chemischen Eigenschaften der Zerfallsprodukte. Die von Rutherford formulierte Theorie der Radioaktivität begründete eine neue Form der Alchemie: Beim radioaktiven Zerfall eines Atoms entstehen Atome von neuen chemischen Elementen! Für diese Erkenntnis wurde ihm im Jahr 1908 der Nobelpreis für Chemie verliehen.

Im Sommer 1906 wurde Rutherford der Lehrstuhl für Physik an der Universität Manchester angeboten, den bis dahin Arthur Schuster innehatte, der Sohn eines aus Deutschland stammenden Bankiers. Das physikalische Laboratorium war von Schuster selbst geplant, finanziert und in technischer Hinsicht bestens ausgestattet worden. Schuster war ein bekannter Physiker, Sekretär der Royal Society, und er war – selten genug für einen Physiker – ein reicher Mann. 1907 siedelte Rutherford mit seiner Familie von Montreal nach Manchester um.

Rutherford übernahm von seinem Vorgänger den jungen Assistenten Hans Geiger, der 1906 nach Manchester gekommen war. Geiger, geboren 1882 in Neustadt an der Weinstraße, wurde mit 25 Jahren Rutherfords engster Mitarbeiter.

Im Jahr 1908 begannen Rutherford und Geiger ihre gemeinsamen Experimente mit $\alpha$-Teilchen. Was sind $\alpha$-Teilchen? Auf diese Frage hatte Rutherford bereits selbst die Antwort gegeben, seit zehn Jahren waren diese Teilchen für ihn alte Bekannte, er hatte ihnen sogar selbst den Namen gegeben! Schon bei seinen Experimenten in Cambridge hatte er bemerkt, dass die von Becquerel entdeckte «Uranstrahlung» aus mehreren Komponenten besteht, die sich in ihrem Durchdringungsvermögen von dünnen Folien unterscheiden. Der Komponente, die bereits die dünnste der damals von ihm benutzten Folien nicht durchdringen konnte, gab er den Namen $\alpha$-Strahlen! In Montreal identifizierte er dann diese Strahlen als elektrisch positiv geladene Teilchen, da es ihm gelang, die Strahlen in elektrischen und magnetischen Feldern abzulenken. Die Ablenkung war aber sehr viel kleiner als die der Elektronen, die

Abbildung 1 / Ernest Rutherford und Hans Geiger (links) vor ihrer Messanordnung für α-Teilchen. (Foto: The United Kingdom Atomic Energy Authority)

Thomson in Cambridge untersucht hatte, die α-Strahlen waren «steifer». Sie waren sogar steifer als die Strahlen aus Wasserstoff-Ionen!

Das Ergebnis der Messung war: Das Verhältnis von elektrischer Ladung zur Masse der α-Teilchen ist nur halb so groß wie der entsprechende Wert für Wasserstoff-Ionen. Da die Ablenkung im Magnetfeld auch von der Geschwindigkeit der Teilchen abhängt, war ein zweites Ergebnis: Die Geschwindigkeit der α-Teilchen beträgt etwa ein Zehntel der Lichtgeschwindigkeit, also etwa 30 000 km/s. α-Teilchen sind recht schnelle Geschosse!

Zu dieser Zeit war schon bekannt, dass in Uranmineralien Heliumgas eingeschlossen ist, und Soddy hatte sogar zeigen können, dass das Helium aus dem Radium stammt. Deshalb war Rutherford überzeugt, dass ein α-Teilchen identisch mit einem doppelt positiv geladenen Helium-Ion (heute würde man sagen: mit einem Helium-Atomkern) ist. Rutherfords Experimentierkunst war herausgefordert, den Beweis für diese Vermutung zu erbringen. Er lieferte ihn dann in Manchester zusammen mit Hans Geiger und Thomas Royds.

Als Erstes bestimmten Rutherford und Geiger in zwei Schritten die Ladung eines $\alpha$-Teilchens. In einem ersten Schritt wurde die elektrische Ladungsmenge gemessen, die sich auf einem Auffänger ansammelt, wenn dieser eine bestimmte Zeit lang einem Strahl von $\alpha$-Teilchen ausgesetzt wird. In einem zweiten Schritt bestimmten sie dann die Anzahl der $\alpha$-Teilchen, die in der vorgegebenen Zeit den Auffänger erreicht hatte. Die erste Messung war Routine: Die elektrische Ladung auf dem Auffänger wurde mit einem geeichten Elektrometer gemessen. Für die zweite Messung entwickelten Rutherford und Geiger ein Zählrohr, mit dem sie die nacheinander einlaufenden $\alpha$-Teilchen zählen konnten. In der von Geiger später verbesserten Version ist dieses Zählrohr als «Geiger-Zähler» bis heute ein Begriff.

Aus beiden Messungen, aus der Zählung der $\alpha$-Teilchen und aus der Bestimmung der Gesamtladung, die diese Teilchen transportiert hatten, bestimmten sie die elektrische Ladung eines einzelnen $\alpha$-Teilchens. Das Ergebnis war: Das $\alpha$-Teilchen besitzt die zweifache (positive) Elementarladung. Um den Beweis zu erbringen, dass $\alpha$-Teilchen tatsächlich Helium-Ionen sind, stoppten und neutralisierten Rutherford und Royds in einem aufwändigen Experiment die $\alpha$-Teilchen an den Innenwänden eines evakuierten Glasgefäßes und wiesen nach einiger Zeit im Innern des Gefäßes Heliumgas nach: Neutralisierte $\alpha$-Teilchen sind tatsächlich Helium-Atome! Die Identität der $\alpha$-Teilchen war geklärt.

Im Jahr 1908 begannen Rutherford und Geiger dann mit den Experimenten zur «Streuung» von $\alpha$-Teilchen an einer dünnen Goldfolie. Als Quelle für die $\alpha$-Teilchen stand ihnen ein starkes radioaktives Präparat zur Verfügung, das sie vom Wiener Radiuminstitut erhalten hatten. Mit Hilfe von Abschirmblenden wurde der Bereich der Strahlung so eingeengt, dass sich ein feiner, nur in eine

Richtung fliegender Strahl aus α-Teilchen ergab, dessen Intensität natürlich sehr gering war.

Fällt dieser Strahl auf eine Fotoplatte, so beobachtet man nach der fotografischen Entwicklung der Platte am Auftreffort des Strahls auf der Platte einen schwarzen Punkt. Bringt man vor der Platte eine Goldfolie in den Strahl, so beobachtet man statt eines Punktes einen ausgedehnten Fleck, der zum Rand hin verwaschen ist: Ein Teil der α-Teilchen hat beim Durchgang durch die Folie ein wenig die Richtung geändert, diese Teilchen werden als Folge einer Wechselwirkung zwischen den α-Teilchen und den Atomen der Goldfolie «gestreut».

Geiger ersetzte nun bei seinen Untersuchungen die im Strahl stehende Fotoplatte durch einen mit Zinksulfid überzogenen und damit fluoreszierenden Schirm. Bei völliger Dunkelheit, an die sich das Auge erst gewöhnen musste, beobachtete er auf dem Schirm bei Bestrahlung mit α-Teilchen eine große Anzahl kleiner Lichtpunkte, die nur eine sehr kurze Zeit aufleuchteten. Jeder Lichtpunkt zeigt den «Einschlag» eines α-Teilchens an. Mit dieser Szintillationsmethode kann man – wie mit dem Zählrohr – die α-Teilchen zählen und darüber hinaus noch den Einschlagsort und damit den Ablenkungswinkel der Streuung für jedes einzelne Teilchen bestimmen.

Geiger zählte nun sehr sorgfältig die gestreuten α-Teilchen und registrierte für jedes Teilchen den Ablenkungswinkel. Die ganze Apparatur war luftleer gepumpt worden, um Streuungen durch Luft zu vermeiden. Wie erwartet stellte er fest, dass die Anzahl der gestreuten Teilchen sehr schnell mit größer werdendem Winkel abnahm. Die größten beobachteten Winkel betrugen nur wenige Winkelgrade. Er beobachtete außerdem, dass die Anzahl der Streuungen auf das Doppelte zunahm, wenn er statt einer Folie vier Folien einsetzte. Natürlich durfte die Gesamtdicke der Folien nicht so groß sein, dass die α-Teilchen völlig gestoppt wurden. Außerdem – und das gab einen Hinweis auf die noch unbekannte

Art der Wechselwirkung – fand er, dass die Größe der Ablenkung vom Atomgewicht der Atome in den Folien abhängt: Je schwerer die Atome, z. B. Gold statt Aluminium, desto größer war die Ablenkung.

Zur Art der Wechselwirkung zwischen den $\alpha$-Teilchen und den Atomen herrschten zu dieser Zeit nur sehr unklare Vorstellungen. Auch über die innere Struktur eines Atoms gab es nur Spekulationen. Die Physiker stellten sich die Atome als kleine Kugeln vor, deren Größe man ungefähr kannte. Man wusste, dass in einem Gas die Atome in heftiger Bewegung sind. Im Gegensatz dazu sind die Atome in einem Festkörper ortsfest, sie sind dicht gepackt. Selbst in einer sehr dünnen Folie liegen Hunderte von Atomschichten übereinander. Seit der Entdeckung des Elektrons wusste man, dass im Atom Elektronen vorhanden sind, aber es gab nur Modelle darüber, wie die negativ geladenen Elektronen durch positiv geladene Teilchen kompensiert werden, da ja das Atom nach außen hin elektrisch neutral ist. Solche Modelle waren z. B. von Philipp Lenard in Heidelberg und von J. J. Thomson in Cambridge entwickelt worden. Aber die Situation war insofern sehr unbefriedigend, als man keine Möglichkeit sah, irgendwelche quantitativen Voraussagen zu machen, die man in einem Experiment hätte prüfen können. Durch die Experimente von Rutherford, Geiger und Marsden sollte sich genau diese Situation rasch ändern.

Die bisher beschriebenen Ergebnisse der Geiger'schen Messungen konnten ohne detaillierte Kenntnisse über die Art der Wechselwirkung zwischen $\alpha$-Teilchen und Atom verstanden werden. Man musste nur zwei Annahmen machen: 1) Das $\alpha$-Teilchen stößt mit den Atomen zusammen, und bei jedem Stoß wird es etwas aus seiner Bahn abgelenkt. 2) Bei seinem Weg durch die vielen hundert Atomschichten hindurch erleidet das $\alpha$-Teilchen eine Vielzahl von Stößen. Der nach dem Austritt aus der Folie beobachtete Ablenkungswinkel ist ein «Zufallsergebnis», das sich nach den Gesetzen der Wahrscheinlichkeitsrechnung genau so ausrechnen lässt wie die Chance für den Hauptgewinn im Lotterie-Spiel. Die «Theorie der Vielfachstreuung» konnte die gemessenen Streu-ergebnisse befriedigend reproduzieren, insbesondere auch die be-obachtete Abhängigkeit von der Dicke der Folie. Da es sehr un-wahrscheinlich ist, dass sich die vielen kleinen Streuwinkel alle in der gleichen Richtung addieren, ist bei der Vielfachstreuung die Chance, hinter der Folie einen größeren Streuwinkel zu beobach-ten, außerordentlich klein.

Aber Geiger beobachtete $\alpha$-Teilchen mit Streuwinkeln bis zu 90°! Es waren zwar nur wenige Ereignisse, aber dennoch viel mehr, als man aufgrund der Wahrscheinlichkeit für Vielfachstreu-ung erwarten konnte. Rutherford war über dieses Ergebnis ver-blüfft. Um diese merkwürdige Beobachtung weiter verfolgen zu können, gab er Geiger für die Messungen einen Helfer zur Hand, den zwanzigjährigen Studenten Ernest Marsden.

Die von Geiger und Marsden im Jahr 1909 gemeinsam durchgeführten Messungen bestätigten dieses merkwürdige Er-gebnis: Sie beobachteten $\alpha$-Teilchen, die zu größeren Winkeln bis zu 90° abgelenkt wurden. Die Messungen fanden im Keller des Schuster-Laboratoriums statt. Diese Räume waren erschütte-rungsfrei, frei von radioaktiver Verschmutzung – und sie waren dunkel. Rutherford besuchte seine Mitarbeiter oft dort unten, auf dem Weg dorthin hörte man ihn – als ein Zeichen seiner guten Lau-ne – laut (und falsch!) singen. Und eines Tages berichteten sie ihm von einer Entdeckung, die ihn nicht nur verblüffte, sondern die ihm «als unglaublichstes Vorkommnis erschien, das ihm je begeg-net sei»: Geiger und Marsden hatten $\alpha$-Teilchen gefunden, die «rückwärts gestreut» worden waren, die also nicht auf der Rück-seite, sondern auf der Vorderseite der Streufolie ausgetreten wa-ren. Diese Beobachtung, die zwischen Kalt- und Warmwasser-Roh-ren der Sanitärinstallation in einem Kellerraum des Instituts ge-macht wurde, war die Entdeckung des Atomkerns!

Es war Rutherford klar, dass die Wahrscheinlichkeit beliebig klein ist, dass ein nach hinten gestreutes Teilchen das Ergebnis eines Vielfachstreuprozesses sein kann. Wohl aber kann bei einem *Einzelstoß* das stoßende Teilchen wieder zurückfliegen, wenn es auf einen schweren Stoßpartner trifft. Als wechselwirkende Kraft beim Stoß eines α-Teilchens mit seinem Stoßpartner nahm Rutherford die abstoßende Kraft zwischen elektrisch gleichnamigen Ladungen an. Diese nach dem Physiker Coulomb benannte Kraft ist stark vom Abstand der beiden Stoßpartner abhängig: Bei Halbierung des Abstands wird die Kraft viermal so stark. Damit die Kraft ausreicht, ein sehr schnelles α-Teilchen zunächst abzubremsen und dann wieder zurückfliegen zu lassen, müssen sich die beiden Stoßpartner sehr nahe kommen.

Damit war die zentrale Aussage des Rutherford'schen Atommodells entwickelt: Die Masse des ganzen Atoms muss als ein «schweres Zentrum» auf sehr engem Raum konzentriert sein, und dieses Zentrum muss – wie das α-Teilchen – eine positive elektrische Ladung tragen. Spätere Messungen ergaben dann in der Tat, dass dieses «schwere geladene Atomzentrum», also der Atomkern, einen Durchmesser von nur etwa einem Zehntausendstel des Atomdurchmessers besitzt.

Auf der Grundlage dieses Modells berechnete Rutherford nun für das Streuexperiment die Bahnen der α-Teilchen im Innern des Atoms, so wie Johannes Kepler die Bahnen der Planeten im Sonnensystem bestimmt hatte. Da das Atom nach dem Rutherfordmodell im Wesentlichen leer ist, fliegen viele α-Teilchen in den Atomen sehr weit am Kern vorbei und werden deshalb nur wenig abgelenkt. Diejenigen Teilchen, die näher am Kern vorbeifliegen, werden stärker abgelenkt, und nur ein ganz kleiner Teil fliegt direkt auf die winzige Fläche des Atomkerns zu, wird dann nahe dem Kern zur Umkehr gezwungen und fliegt zurück. Man wird also bei einem Streuexperiment sehr viele α-Teilchen unter kleinen Streuwinkeln und sehr wenige unter Rückwärtswinkeln finden; die Zahlenwerte verhalten sich etwa wie 100 000 zu 1! Die genauen

Werte liefert die von Rutherford aufgestellte Streuformel, sie macht eine quantitative Aussage über die zu beobachtenden Größen. Das Rutherford'sche Atommodell ist kein spekulatives, sondern ein nachprüfbares Modell!

Geiger und Marsden prüften das Modell mit Streumessungen nach der Szintillationsmethode. Unter Rückwärtswinkeln waren Zeit raubende Beobachtungen nötig. Aber sie waren erfolgreich: Es ergab sich eine völlige Übereinstimmung zwischen den experimentellen Ergebnissen und der theoretischen Voraussage. Darüber hinaus konnte auch ein «freier Parameter» des Rutherfordmodells experimentell bestimmt werden, die Kernladungszahl Z, die die elektrische Ladung des Kerns $Ze_0$ als Vielfaches der Elementarladung $e_0$ angibt. Es ergab sich, dass Z etwa dem halben Wert des Atomgewichts eines Atoms in der bestrahlten Folie entspricht.

Das Atommodell wurde im Jahr 1911, die Ergebnisse von Geiger und Marsden im Jahr 1913 veröffentlicht. In dieser Zeit hielten sich mehrere Physiker bei Rutherford in Manchester auf, die das Atommodell erfolgreich weiterentwickelten: Niels Bohr als Gast aus Kopenhagen und Moseley als ständiger Mitarbeiter Rutherfords. Wie schon eingangs erwähnt wurde, verknüpfte Bohr das Atommodell mit den Quantenvorstellungen von Max Planck (1900) und von Albert Einstein (1905). Er erweiterte das Modell um die von Rutherford nicht berücksichtigten Atomelektronen, die ja auch zur $\alpha$-Streuung nicht beitragen; er nahm an, dass diese sich in großer Entfernung zum Kern auf Bahnen um den Kern herum bewegen wie die Planeten um die Sonne. Dieses Modell eröffnete erfolgreich die Möglichkeit, die experimentell bekannte Lichtemission von Atomen zu berechnen. Moseley untersuchte den Anteil der Röntgenstrahlen, der charakteristisch ist für das chemische Element, welches die Röntgenstrahlen emittiert. Seine experimentellen Untersuchungen bestätigten die aus den Streuexperimenten gewonnene Kernladungszahl Z, und sie zeigten, dass diese

Zahl das chemische Element bestimmt: Wasserstoff hat Z = 1, Helium Z = 2, Aluminium Z = 13, Gold Z = 79, Uran Z = 92. Die Kernladungszahl Z ist gleich der Anzahl der den Kern umrundenden Elektronen, da das gesamte Atom ja elektrisch neutral ist.

Im Jahr 1919 trat Rutherford die Nachfolge von J. J. Thomson als Leiter des Cavendish-Laboratoriums in Cambridge an. Ernest Marsden hatte schon vier Jahre vorher eine Professur in Wellington in Neuseeland angenommen, Hans Geiger war bereits 1913 als Leiter des Labors für Radioaktivität an die Physikalisch-Technische Reichsanstalt in Berlin gegangen, ab 1925 war er Professor in Kiel, ab 1929 in Tübingen und ab 1936 an der Technischen Universität Berlin. Er starb im September 1945 in Potsdam.

In den Jahren von 1919 bis zu seinem Tode am 19. Oktober 1937 war Rutherford auch in Cambridge von bedeutenden Mitarbeitern umgeben. Es kam zu weiteren großen Entdeckungen. Rutherford selbst beobachtete bei der Bestrahlung von Stickstoff mit $\alpha$-Teilchen die erste Kernreaktion, also die erste künstliche Kernumwandlung.

$$\text{Stickstoff} \left(_7\text{N}\right) + \alpha \left(_2\text{He}\right) \rightarrow \text{Sauerstoff} \left(_8\text{O}\right) + \text{Proton} \left(_1\text{H}\right)$$

In den Klammern dieser Reaktionsgleichung stehen die Symbole für die chemischen Elemente, die Zahlen sind die Kernladungszahlen Z. Sie bezeichnen die Anzahl der Protonen, der geladenen Kernbausteine. Proton ist ein anderer Name für das Wasserstoff-Ion.

Bei der Bestrahlung des Elements Beryllium mit $\alpha$-Teilchen gelang James Chadwick in Cambridge im Jahr 1931 die Entdeckung des zweiten Kernbausteins, des elektrisch neutralen Neutrons.

$$\text{Beryllium} \left(_4^9\text{Be}\right) + \alpha \left(_2^4\text{He}\right) \rightarrow \text{Kohlenstoff} \left(_6^{12}\text{C}\right) + \text{Neutron} \left(_0^1\text{n}\right)$$

Die oberen Zahlen geben das Atomgewicht A (die Massenzahl) an. A ist die Summe aus der Zahl der Protonen Z und der Zahl der Neutronen im Kern. Der Atomkern wird durch eine «neue» nichtklassische Kraft, die Kernkraft, zusammengehalten. Damit war das Bild, das man sich heute vom Atomkern macht, in seinen Grundzügen entwickelt.

Ebenfalls in dieser Zeit bauten John Cockcroft und Ernest Walton in Cambridge den ersten Teilchenbeschleuniger. Ab jetzt waren die Physiker für ihre Streu- und Kernreaktionsexperimente nicht mehr auf $\alpha$-Teilchen aus radioaktiven Präparaten angewiesen. Sie konnten jetzt alle möglichen geladenen Teilchen in Beschleunigern auf hohe Geschwindigkeit bringen und mit diesen experimentieren. So ist es bis heute.

Rutherford, Geiger und Marsden haben Physikgeschichte geschrieben. Der Name Hans Geiger lebt weiter im Geigerzähler, der Name Ernest Rutherford im Begriff der Rutherford-Streuung. So nennt man bis heute jeden Streuprozess zwischen geladenen Teilchen, der durch die elektrische Coulombkraft vermittelt wird. Die Rutherford-Back-Scattering-Methode (RBS), also Rutherford-Streuung unter Rückwärtswinkeln mit langsamen $\alpha$-Teilchen, ist heute ein wichtiges Verfahren zur zerstörungsfreien Materialanalyse, da die Geschwindigkeit des rückgestreuten $\alpha$-Teilchens von der Masse des Atomkerns abhängt, an dem das $\alpha$-Teilchen «reflektiert» wird.

Bei der Streuung mit schnellen $\alpha$-Teilchen aus Beschleunigern beobachtet man Abweichungen von der Rutherford-Streuung, da die schnellen $\alpha$-Teilchen in den Kern eindringen können und damit zur Coulombkraft die Kernkraft hinzutritt. Aus diesen Messungen lässt sich auch der Durchmesser der Atomkerne erschließen.

Schließlich hat der Begriff «Streuung» in der modernen Physik eine universelle Bedeutung. So wie man mit Licht in einem Mikroskop die Struktur von Gegenständen erkennen und vermessen kann, kann man in einem Streuprozess mit schnellen Teilchen die Struktur von Atomkernen und sogar die innere Struktur ihrer

Bausteine untersuchen und vermessen. Auf diese Weise fand man, dass das Proton und das Neutron aus je drei «Quarks» zusammengesetzt sind.

Über diese Experimente zu berichten wäre eine neue spannende Geschichte ...

# DAS JÖNSSON'SCHE DOPPELSPALTEXPERIMENT MIT ELEKTRONEN

Claus Jönsson

## EINFÜHRUNG*

Die Wende vom 19. zum 20. Jahrhundert stellt für die Physik einen bedeutenden Zeitabschnitt dar, bildet sie doch die Zäsur zwischen der «klassischen» Physik und der «modernen» Quantenmechanik (und Relativitätstheorie). Vorher galt die Newton'sche Mechanik mit ihrer strengen Kausalität: Man sah die Folge der Ereignisse ablaufen wie ein Uhrwerk, als im Prinzip bis ins Detail vorausberechenbar, als nicht dem menschlichen Willen unterworfen. Seit der Entwicklung der Quantenmechanik und ihrer experimentellen Bestätigung weiß man, dass diese strenge Kausalität nicht gilt, das «Uhrwerk» nur mit einer gewissen Wahrscheinlichkeit in einer bestimmten Richtung abläuft, eine Erkenntnis, die auch in der Philosophie ihre Spuren hinterlassen hat.

In dieser Zeit stellte Planck Überlegungen darüber an, wie das Spektrum (Abhängigkeit der Intensität einer Wellenstrahlung von ihrer Frequenz) der Schwarzen Strahlung (temperaturabhängige Strahlung, die von einem nicht reflektierenden Körper ausgeht, z. B. dem kleinen Loch eines Hohlkörpers) durch eine mathematische Gleichung wiedergegeben werden könnte. Er fand, dies sei nur unter der Annahme möglich, dass Emissions- und auch Absorptionsvorgänge (Elementarprozesse) der elektromagnetischen Strahlung, zu der auch die Schwarze Strahlung gehört, nicht wie bisher angenommen kontinuierlich erfolgen könne, sondern so,

---

* Ich danke Herrn Prof. Friedrich Lenz sehr für die kritische Durchsicht und Korrektur dieses Abschnittes.

dass die dabei pro Elementarprozess ausgestrahlte Energie der Formel $E = h \cdot f$ genügt, wobei f die Frequenz der emittierten Strahlung und h eine auf diese Weise von Planck gefundene Naturkonstante mit einem sehr kleinen Zahlenwert und der Dimension einer Wirkung ist: $h = 6{,}626 \cdot 10^{-34}$ Joule $\cdot$ sec. Es werden immer unteilbare «Energiepakete» (Lichtquanten, Photonen oder Wellenpakete genannt) umgesetzt, eine Hypothese, die sich bei allen Experimenten mit Elementarprozessen bestätigte. Wegen der Kleinheit von h spürt man von der «Körnigkeit» der Wirkung bei den makroskopischen physikalischen Vorgängen des täglichen Lebens nichts. Sie tritt dagegen bei atomaren Vorgängen, bei denen oft nur ein Wirkungsquant beteiligt ist, oder bei sehr hohen Frequenzen, bei denen der Energieinhalt eines Photons groß wird, deutlich hervor.

Durch die Planck'sche Hypothese wurde die Auseinandersetzung über die Frage «Was ist Licht?» neu entfacht. Um 1700 hatte Newton Licht als eine Strahlung von kleinsten Lichtteilchen angesehen, eine Annahme, die aufgegeben werden musste, als Young und Fresnel um 1800 Beugungs- und Interferenzversuche mit Licht anstellten, in denen sich Licht eindeutig als Wellenstrahlung erwies (ihre Experimente werden in Dieter Meschedes Beitrag ausführlich beschrieben). Beugungs- und Interferenzerscheinungen mit ihren lokalen Intensitätsverstärkungen und vor allem Intensitätsabschwächungen beim Zusammenwirken mehrerer Strahlen kann man nur durch die Annahme von Welleneigenschaften der Strahlung erklären, sie sind deshalb das eindeutige Kriterium für das Vorliegen einer Wellenstrahlung. Später hat man gefunden, dass el.magn. Wellen durch Induktionsvorgänge zwischen elektrischen und magnetischen Feldern zustande kommen, Maxwell hat ihre Theorie in seinen berühmten Gleichungen zusammengefasst.

Mit Plancks Erkenntnis trat nun wieder das Teilchenhafte der el.magn. Strahlung hervor, man musste sich mit der unanschaulichen Vorstellung, dass sie gleichzeitig Teilchen- und Wellenstrahlung ist, vertraut machen (Dualismus des Lichtes): Je nachdem, welchen Versuch man mit ihr anstellt, ist die Antwort «Teilchen» oder «Welle». Ganz allgemein lässt sich sagen, dass der Teilchencharakter der el.magn. Strahlung bei Emissions- und Absorptionsprozessen und bei großem Energieinhalt der Teilchen in Erscheinung tritt, ihr Wellencharakter hingegen bei allen Vorgängen um die Strahlungsausbreitung. So konnte Einstein 1906 den lichtelektrischen Effekt (Auslösung von Elektronen aus Atomen, Molekülen oder Festkörpern durch el.magn. Strahlung) als einen Stoßvorgang unter Photonen und Elektronen erklären und die Planck'sche Hypothese damit voll bestätigen, mit Hilfe der Wellenvorstellung wäre eine Erklärung dieses Phänomens nicht möglich gewesen.

Die spätere Quantenmechanik hat eine Interpretation des Dualismus einer Strahlung gegeben, die ihm eine gewisse Anschaulichkeit gibt und in Übereinstimmung mit den Beobachtungen ist: Die lokale Intensität der einem Teilchen zugeordneten Welle gibt die Aufenthaltswahrscheinlichkeit für das Teilchen (Phonon beim Schall, Photon bei der el.magn. Strahlung, Elementarteilchen bei der Materiestrahlung) an dieser Stelle an, die Teilchen halten sich dort mit der größten Wahrscheinlichkeit auf, wo die Intensität der «begleitenden Welle» am größten ist. Zugunsten dieser Deutung verzichtet man allerdings auf eine genaue Ortsangabe für das Teilchen, nur wenn die Intensität der Welle an nur einem Punkt von null verschieden ist, kann man für das Teilchen eine genaue Ortsangabe machen.

Von Beugung spricht man, wenn die Ausbreitung einer Wellenstrahlung durch Hindernisse so gestört wird, dass die Intensitätsverteilung in einer anschließenden Beobachtungsebene von der der geometrischen Optik (einfache Projektion des Hindernisses) abweicht. Einfach zu interpretieren ist die Beugung an einem mit der Welle aus einer Punktquelle beleuchteten Spalt der Breite b. Seine Beugungsfigur in der Beobachtungsebene im Abstand l besteht aus einem Streifen hoher Intensität um den Durchstoßpunkt (Nullpunkt) der optischen Achse (Symmetrielinie), dem Hauptmaximum. Seine Intensität fällt von der Mitte her kontinuierlich nach beiden Seiten zu einem niedrigsten Wert ab. Diese beiden Punkte (Streifen) haben den Abstand $2l\lambda/b$ ($\lambda$: Wellenlänge) voneinander und schließen das Hauptmaximum ein. Nach beiden Seiten schließen sich in regelmäßigen Abständen Streifen mit schnell abnehmender Intensität an, die durch Streifen geringer Intensität voneinander getrennt sind.

Von Interferenz einer Wellenstrahlung spricht man, wenn mindestens zwei vorher getrennte kohärente (mit gleicher Frequenz und in gleicher Ebene schwingende) Wellen in einer Beobachtungsebene zusammenwirken und die örtliche Intensität nicht gleich der Summe der Intensitäten der einzelnen Wellenzüge ist, sondern an manchen Orten nach oben, an anderen nach unten abweicht. Interferenzerscheinungen sind eindrücklicher als Beugungserscheinungen. Am einfachsten zu interpretieren ist das Interferogramm von zwei Wellen gleicher Wellenlänge $\lambda$ und gleicher Intensität, deren Quellen den Abstand d voneinander haben, wie es mit einem von einer primären Punktquelle beleuchteten Doppelspalt (d: Spaltabstand) oder Biprisma realisiert werden kann. Ein solches Interferogramm besteht aus einem Streifensystem um den Durchstoßpunkt der optischen Achse, das einem $\cos^2$-Gesetz («abgerundete» periodische Intensitätsschwankungen zwischen einem hohen und niedrigen Wert, l: Abstand Quellen – Beobachtungsebene) mit der Periode $l\lambda/d$ gehorcht. Die Doppelspaltanordnung ist zum klassischen Versuch zum Nachweis von Wellenstrahlungen geworden.

In der Praxis muss man die Doppelspalte aus Intensitätsgründen auf eine endliche Breite b öffnen, wodurch sich die Spaltbeugung der Interferenzfigur überlagert. Man kann praktisch nur die Interferenzstreifen beobachten, die in das Hauptmaximum der Spaltbeugung fallen. Beträgt z. B. das Verhältnis $d/b = 4$ (dieser

Wert wird später etwa vorliegen), so passen $2l\lambda d/l\lambda b = 2d/b = 8$ Perioden des Interferogramms in das Hauptmaximum der Spaltbeugung. Da die Mitte des Hauptmaximums der Beugung und ein Streifen hoher Intensität des Interferogramms im Nullpunkt des Diagramms zusammenfallen, wird man 7 Interferenzstreifen hoher Intensität beobachten können, die nächsten würden außerhalb des Beugungsmaximums liegen.

Zweistrahlinterferenzen können auch mit einem Biprisma erzeugt werden. Es teilt das Licht einer reellen Quelle in zwei Teilbündel auf und lenkt sie so zur optischen Achse hin um, dass sie sich hinter dem Biprisma kreuzen. Die rückwärtigen Verlängerungen der umgelenkten Strahlen der beiden Bündel treffen sich in jeweils einem virtuellen Quellpunkt. Diese haben den Abstand d voneinander und treten an die Stelle der Spalte bei der Doppelspaltanordnung. Im Überlagerungsgebiet beobachtet man ein Interferenzstreifensystem, das wesentlich intensiver als das eines Doppelspalts ist, da wesentlich mehr Photonen aus der ursprünglichen Quelle die Beobachtungsebene erreichen als beim Doppelspalt. Außerdem wird der Einfluss der Beugung an den Biprismakanten durch die Strahlumlenkung an die Ränder des Interferenzfeldes verlegt, sodass im Zentralbereich um die optische Achse lichtstarke Interferogramme aus vielen Streifen entstehen, die von Beugungseffekten kaum gestört sind. Für die Erzeugung und Anwendung von Zweistrahlinterferenzen ist das Biprisma deshalb wesentlich besser geeignet als ein Doppelspalt. Seine Wirkungsweise ist aber komplizierter zu verstehen als die des Doppelspalts, der deshalb die didaktisch verständlichste Einrichtung zum Nachweis des Wellencharakters einer Strahlung ist.

In der Praxis hat man es nie mit einer punktförmigen Strahlenquelle zu tun (sie würde die Energie null abstrahlen), sondern immer mit einer der Ausdehnung s. Bei einer thermischen Strahlungsquelle strahlt dabei jeder Quellenpunkt unabhängig von den anderen in beliebigen Zeitabständen Wellenpakete (Photonen) aus, wobei der einzelne Emissionsprozess etwa $10^{-8}$ s dauert, die Quelle strahlt inkohärent. Jeder Punkt der Quelle hat seine eigene optische Achse, die maximale Abweichung ihrer Durchstoßpunkte in der Beobachtungsebene voneinander muss deutlich kleiner gehalten werden als die Periode des Interferenzstreifensystems, die jeder Quellpunkt um seine optische Achse liefert, wenn ein kontrastreiches und unverwischtes Interferogramm angestrebt wird. Die deshalb einzuhaltende «Winkelkohärenzbedingung» sd $\ll$ qλ (q: Abstand Quelle–Doppelspalt, d: Spaltabstand = kohärent ausgeleuchteter Bereich) basiert auf diesen Überlegungen.

Nach der Einführung des Wirkungsquantums und der Photonenenergie begann man die Spektren der von angeregten Atomen ausgesendeten Lichtstrahlung unter diesen Gesichtspunkten zu analysieren. Man erkannte viele Gesetzmäßigkeiten, die während des 1. Weltkriegs schließlich zur Aufstellung des Bohr'schen Atommodells führten. Es war eine gute Vorlage für das weitere Vorgehen, hatte aber vor allem einen Schwachpunkt, nämlich die notwendigerweise eingeführten strahlungslosen Umlaufbahnen, auf denen negativ geladene Elektronen um den positiven Atomkern kreisen sollten, denn die klassische Elektrodynamik verlangt, dass auf gekrümmten Bahnen bewegte Ladungen ihre Energie abstrahlen müssen, d. h. die Elektronen müssten schnell in den Kern stürzen.

In dieser Situation brachte eine Überlegung, die de Broglie in seiner 1923 veröffentlichten Dissertation angestellt hatte, den entscheidenden Durchbruch. Er hatte sich gefragt, ob nicht auch bei zunächst ausgesprochenen Teilchenstrahlungen, wie z. B. Elektronenstrahlen, genau so wie bei Licht ein Dualismus besteht, sie also auch Welleneigenschaften haben. Seine Überlegungen gipfelten in der Aufstellung einer Formel für die Wellenlänge der einer Teilchenstrahlung zugeordneten Welle λ = h/mv = h/p (m: Teilchenmasse, v: Teilchengeschwindigkeit, p = mv: Teilchenimpuls) und der Deutung der strahlungslosen Umlaufbahnen der

Elektronen im Atom als die Kreisbahnen, deren Umfänge ganze Vielfache der Elektronenwellenlänge sind. Mit dieser Interpretation konnte den Forderungen der Elektrodynamik bezüglich der strahlungslosen Bahnen im Atom Rechnung getragen werden, da sich die Lage z. B. der Nulldurchgänge oder Extremwerte der Welle auf der Umlaufbahn des Elektrons nicht mehr verschiebt (stehende Welle).

Während man bei Schallwellen und Oberflächenwellen von Flüssigkeiten als die die Welle tragenden Oszillatoren Atome oder Moleküle erkannt hat, die durch Kohäsionskräfte miteinander gekoppelt sind, brauchen el.magn. Wellen und Materiewellen keine Träger, sie sind gekoppelte Felder. Bei der el.magn. Welle hat man erkannt, dass sie aus orts- und zeitabhängigen elektrischen und magnetischen Feldern besteht, die durch Induktionsvorgänge miteinander gekoppelt sind. Die Materiewellenvorstellung sollte man als Leitfaden, als Rechenverfahren durch die Welt der Atome und Atomkerne ansehen, das sich bisher immer bewährt hat, man sollte so tun, «als ob» Masseteilchen auch Welleneigenschaften haben, die ihr Ausbreitungsverhalten beschreiben.

Die weitere Entwicklung der de Broglie'schen These führte 1927 zur Aufstellung der Wellenmechanik durch Schrödinger und Matrizenmechanik durch Heisenberg. Beide Theorien sind gleichwertig (ineinander umrechenbar), sie beschreiben und deuten nicht nur den Aufbau des Atoms, sondern auch des Atomkerns und das Verhalten der Elementarteilchen. Sie sind für die Mikrowelt zuständig und gehen beim Zusammenwirken sehr vieler Teilchen wieder in die Gesetze der klassischen Makrophysik über. Die Wellenmechanik ist dabei die anschaulichere Theorie, weil sie, wie de Broglie, noch mit dem gewohnten Begriff «Welle» hantiert, die Matrizenmechanik ist dagegen formal und unanschaulich, erlaubt aber, besser in die noch unbekannten Geheimnisse der Mikrowelt einzudringen, der Begriff «Materiewelle» kommt in ihr nicht vor. Beide Theorien werden zur «Quantenmechanik» zusammengefasst. Eine ihrer wichtigsten Schlussfolgerungen ist die schon erwähnte Erkenntnis, dass alle Vorgänge nur mit einer gewissen Wahrscheinlichkeit ablaufen, sie findet ihre Formulierung in der Heisenberg'schen «Unsicherheitsrelation».

Seit den Erkenntnissen von de Broglie hatten die Physiker den Wunsch, die postulierten Welleneigenschaften von Teilchenstrahlen durch Interferenzexperimente nachzuweisen. Zunächst erschien das wegen der sehr kleinen de Broglie'schen Wellenlängen solcher Strahlen unmöglich. Man spitzte die Erklärung für das, was Quantenmechanik ist, auf ein schon klassisches «Gedankenexperiment» zu: Was passiert, wenn ein Elektron auf einen Doppelspalt trifft? Die klassische Physik würde sagen, wenn das Elektron zufällig durch einen Spalt hindurchgeht, wird es in der Projektionsrichtung Quelle – Spalt auf dem Beobachtungsschirm landen. Die Quantenmechanik behauptet dagegen, die Wahrscheinlichkeit, es an einer Stelle auf dem Schirm aufzufinden, hängt von der örtlichen Intensität der Interferenzfigur, die die zugeordnete Welle erzeugt, ab. Mit der Flugbahn eines Elektrons kann man kaum eine Aussage machen, man benötigt sehr viele Elektronen, die sich dann statistisch im ersten Fall zu einer Anhäufung an zwei Stellen des Schirms, im zweiten zu einem beobachtbaren Doppelspalt-Interferenzstreifensystem zusammenfinden. Damit sich die einzelnen Elektronen nicht gegenseitig beeinflussen, das Interferenzmuster vielleicht durch Zusammenstöße der Elektronen zustande gekommen sein könnte, kann man noch fordern, dass dabei immer nur ein Elektron gleichzeitig unterwegs sein darf. Der amerikanische Physiker Feynman sagt in seinen Vorlesungen und Lehrbüchern über Quantenmechanik zu diesem Gedankenexperiment: «Wir wählen (dieses Gedankenexperiment) dazu aus, um ein Phänomen zu untersuchen, das unmöglich, absolut unmöglich mit Hilfe der klassischen Physik erklärt werden kann, es enthält den Kern der Quantenmechanik, es gibt das ganze Geheimnis wieder.» Und weiter: «Ich möchte dringend davor warnen, dieses Experiment realisieren zu wollen, denn das ist in dieser Weise bisher noch nie geglückt. Die Schwierigkeit dabei ist, dass der Apparat, der die interessierenden Effekte zeigen soll, mit unmöglich kleinen Bauteilen ausgerüstet sein müsste. Wir machen lieber dieses ‹Gedankenexperiment›, das so gewählt wurde, dass es leicht nachzuvollziehen ist. Wir kennen sein Resultat, denn es wurden bereits viele andere Experimente mit zu realisierenden Anordnungen gemacht, die das erwartete Ergebnis gezeigt haben.» Zu diesem Zeitpunkt (1961) war das Gedankenexperiment mit den Mitteln der Elektronenmikroskopie allerdings schon realisiert worden.

1927 stießen die Amerikaner Davisson und Germer bei Untersuchungen zur Winkelverteilung von rückgestreuten Elektronen, die zuvor schräg auf kristalline Metalloberflächen geschossen worden waren, auf hartnäckige «Dreckeffekte». Sie stellten fest, dass es im Gegensatz zu ihren Erwartungen in bestimmten Ausfallsrichtungen Maxima und Minima der Elektronenintensität gab. Als sie nach einer Erklärung für diesen Effekt suchten, wurden sie auf die damals weitgehend unbekannte Dissertation von de Broglie aufmerksam und erkannten, dass die von ihnen gemessene Elektronenintensitätsverteilung auf Elektroneninterferenzen am Kristallgitter der reflektierenden Metalloberfläche zurückzuführen ist. Für diese Erkenntnis und die erste experimentelle Bestätigung von de Broglies Vorstellungen erhielten sie 1937 den Nobelpreis. Anschließend wurden weitere Beugungs- und Interferenzversuche mit Elektronenstrahlen angestellt, z. B. die Beugung an der Kante 1936 durch Boersch in Berlin, die jedem Elektronenmikroskopiker bekannt ist, begrenzt dieser «Beugungsfehler» doch analog zum Lichtmikroskop auch die mögliche Auflösung des Elektronenmikroskops.

## DAS ELEKTRONENOPTISCHE BIPRISMA

Als ich Ende 1953 als Student nach Tübingen kam, hatte die Gesamtuniversität etwa 4000 Studenten. Schon damals herrschte großer Mangel an Studentenunterkünften, ich fand erst in der neckaraufwärts gelegenen zwölf Kilometer entfernten Bischofsstadt Rottenburg ein Zimmer. An der Universität Tübingen war für mich deren Mathematisch-Naturwissenschaftliche Fakultät (die älteste in Deutschland) zuständig. Ihre physikalische Unterabteilung bestand aus einem ordentlichen Lehrstuhl für Experimentalphysik, den damals Prof. Kossel innehatte, und zwei außerordentlichen Lehrstühlen für Theoretische (Prof. Braunbek) und Angewandte Physik, Letzterer war seit dem Sommersemester 1953 mit Prof. Möllenstedt besetzt.

Das Physikalische Institut war ein altehrwürdiges Gebäude aus dem Jahr 1888 an der Ecke Gmelinstraße/Nauklerstraße, gleich gegenüber dem Hauptgebäude der Universität. Es hatte einen Anbau aus der Zeit vor dem Ersten Weltkrieg, in seinem ersten Stock waren ein großer Hörsaal und darunter Laborräume geschaffen worden, in denen zunächst der bekannte Physiker Paschen geforscht hatte. Später bezog die Angewandte Physik bis zum Neubau aller Institutsgebäude im Jahr 1973 diese Räume, seit 1973 gehört das Gebäude zur Juristischen Fakultät.

Ich habe meine Experimente in einem großen Raum der Angewandten Physik gemacht, der durch lichtdichte Vorhänge in vier Parzellen unterteilt war, in denen je ein Diplomand oder Doktorand an seinem elektronenoptischen Gerät arbeitete, wozu in der Regel Dunkelheit nötig war.

Ich war 23 Jahre alt und hatte im Frühjahr 1953 meine Vordiplomprüfung in Physik an der Universität Hamburg abgelegt. Damals, acht Jahre nach dem Krieg, konnte man noch nicht ohne weiteres im Ausland studieren, man musste im Lande bleiben. Deshalb wählte ich eine Universität in Deutschland, die möglichst

weit von Hamburg entfernt war und in einer kleineren Stadt angesiedelt war. Es kamen vor allem Freiburg, Tübingen und Heidelberg infrage. Ich wählte Tübingen, weil dort von Prof. Möllenstedt
Vorlesungen und Praktika in Elektronenmikroskopie angeboten
wurden, was meinen Interessen sehr entgegenkam. Ich wurde 1930
in Berlin geboren. Wenn man meine Vorfahren in der väterlichen
Linie zurückverfolgt, so hatten sie bis zu meinem Urgroßvater, der
aus Südschweden um 1875 nach Hamburg eingewandert war und
den schwedischen Namen in die Familie gebracht hat, technische
Berufe.

Nach einer durch die damalige Arbeitslosigkeit bedingten
Odyssee durch Norddeutschland und Wohnungswechseln innerhalb Hamburgs siedelte sich die Familie 1938 schließlich in einem
Eigenheim im nördlichen Stadtteil Volksdorf an, wo ich meine Ju-
gendzeit bis zum Studium in Tübingen verbrachte. Ich besuchte
die Zentralschule der ganzen Gegend, die Walddörferschule, die
Grund-, Real- und Oberschule (Gymnasium) umfasste und 1930 als
Muster- und Experimentierschule eröffnet worden war. Sie war ein
großzügiger Neubau, für den damals sehr gute Lehrer Hamburgs
eingestellt worden waren. Auch im «Dritten Reich» versuchte
man, einen besonderen Anspruch aufrecht zu erhalten, und so hatte ich in den für mich entscheidenden Jahren während des Krieges
und danach das Glück, trotz der widrigen Umstände einen immer
noch guten Schulunterricht zu erhalten, besonders auch auf natur-
wissenschaftlichem Gebiet. Mit 10 Jahren wurde ich, wie alle Jungen in diesem Alter, in das «Jungvolk» aufgenommen. Diesen
«Dienst» habe ich damals nicht weiter hinterfragt, er war so
selbstverständlich wie die Schule. Er ärgerte mich höchstens genau so wie die Schule, weil er ebenfalls einen Teil meiner Freizeit
beanspruchte, die ich lieber mit interessanteren Dingen zuge-
bracht hätte, zunehmend auch mit technisch-naturwissenschaft-
lichen Büchern und ersten physikalischen Experimenten.

Den Krieg habe ich ohne Schaden an Leib oder Seele überstanden, meine Eltern haben sich erfolgreich bemüht, ihn von ihren Kindern (ich habe drei weitere Geschwister) so gut wie möglich fern zu halten. Während der Zerstörung Hamburgs im Sommer 1943 war ich in einem Kinderlandverschickungslager im Bayerischen Wald. Später wurde der nördliche Stadtrand von Hamburg von Bombenangriffen weitgehend verschont, und das Kriegsende verlief für die Hamburger einigermaßen glimpflich, da Hamburg in den letzten Kriegstagen zur freien Stadt erklärt worden war. Ich erinnere mich, wie damals die deutschen Truppen getrieben von den alliierten Streitkräften unter Zurücklassung von Geräten und Munition nachts durch Hamburg nach Schleswig-Holstein zurückfluteten. Am nächsten Tag war Frieden, und alle an technischen Dingen interessierten Jungen machten sich auf, die Hinterlassenschaften der deutschen Truppen einzusammeln. Ich fand zusammen mit einigen Gleichgesinnten unter anderem einen wohl wegen Benzinmangels liegen gebliebenen VW-Kübelwagen, den wir so weit wie möglich ausschlachteten. Wir benutzten seine Batterie, um mit ihr bis zu ihrer Entladung (aufladen konnten wir sie nicht wieder) galvanische Experimente zu machen, was Jahre später noch bedeutungsvoll werden sollte.

Wegen des Unterrichtsausfalls gegen Kriegsende und in der Nachkriegszeit konnte meine Klasse ihr Abitur erst im Frühjahr 1950 ablegen. Mit dem Sommersemester 1950 begann ich mein Studium an der Universität Hamburg, zunächst in Mathematik, ein Semester später konnte ich mich für Physik einschreiben. Meine Lehrer in Hamburg waren in Mathematik die Professoren Petersson und Burau, in Physik Fleischmann, Jordan, Bagge, Kollath und Raether und in Chemie Schlubach. Das Vordiplom legte ich am Ende des Wintersemesters 1952/53 ab. Ehe ich zum Weiterstudium nach Tübingen aufbrach, blieb ich noch für ein Semester in Hamburg, um als Geigenspieler in einem Schülerorchester an einer kleinen Konzertreise durch das Land meiner Vorfahren, Schweden, teilnehmen zu können.

In Tübingen fand ich mit Herrn Prof. Möllenstedt einen Lehrer voller Tatendrang und Sorge um seine Studenten vor. Er war kurz vorher von den in Auflösung begriffenen «Süddeutschen Laboratorien» in Mosbach an die Universität Tübingen gewechselt. Zusammen mit den Firmen AEG und Zeiss waren die Süddeutschen Laboratorien eine Gründung von Physikern, die sich unmittelbar nach dem Krieg in einem amerikanischen Internierungslager getroffen hatten und sehr an der Weiterentwicklung der vor dem Krieg vor allem in Deutschland entwickelten Elektronenmikroskopie interessiert waren. Möllenstedt verwandelte in kurzer Zeit den zunächst ziemlich bedeutungslosen Lehrstuhl für Angewandte Physik in eine Einrichtung um, in der die in Mosbach begonnenen elektronenmikroskopischen Forschungen fortgesetzt und bald auf die gesamte Elektronen- und Ionenoptik ausgeweitet wurden. Später kamen Untersuchungen auf den Gebieten Tieftemperaturphysik und Festkörperphysik hinzu. Die Zahl seiner Mitarbeiter betrug zu Anfang etwa zehn, die ihm zum großen Teil von Mosbach gefolgt waren, in den Hochzeiten des Instituts waren etwa hundert Studenten und Dozenten am Institut forschend tätig. Schon bald konnte Möllenstedt durch Forschungserfolge, Motivierung seiner Mitarbeiter und mit großem Geschick im Einwerben von finanziellen Mitteln von Industrie, Landesregierung und Forschungsgesellschaften den Lehrstuhl in ein Institut für Angewandte Physik umwandeln, dem er als Ordinarius bis zu seiner Emeritierung 1980 vorstand. Dabei kamen ihm der Optimismus der Wirtschaftswunderjahre, die damals reichlichen finanziellen Möglichkeiten des Staates und erfolgreiche Bleibeverhandlungen nach einem Ruf zur TH Karlsruhe sehr zu Hilfe. Schon bald waren Räume in sechs weiteren Gebäuden in Tübingen angemietet, um dem Expansionsdrang der Angewandten Physik nachzukommen, und im Hof des Physikalischen Instituts eine große Baracke für die Institutswerkstatt aufgestellt. Möllenstedt wusste, dass die Zeit, in der man Experimentalphysik mit Uhu, Pappe und

Bindfaden machen konnte, vorbei war, er sorgte deshalb stets für eine leistungsfähige mechanische Werkstatt, zu der auch bald Elektro- und Elektronikwerkstätten hinzukamen. Ohne diese Werkstätten wären auch meine Untersuchungen nicht möglich gewesen.

Außer auf seinem Ideenreichtum beruhte sein Erfolg darauf, dass er seine Studenten zu motivieren wusste, er kümmerte sich auch privat ständig um sie (seine Familie war mit in die Studentenbetreuung eingespannt), hielt ihnen den Rücken für die Forschung frei und sorgte dafür, dass sie wenn irgend möglich kleine Posten oder Aufträge bekamen, die sie finanziell unterstützten. Mir gefiel die Arbeit an diesem Institut auch deshalb, weil jeder Herr seines Gerätes war. Es gab keine Teamarbeit, bei der die Forschungsbeiträge des Einzelnen schwer nachzuvollziehen sind, alle Mitarbeiter des Instituts bildeten ein einziges Team. Die äußeren Umstände der Wirtschaftswunderzeit beeinflussten das Forschungsklima ebenfalls positiv durch die allgemeine Aufbruchsstimmung. Wenn zunächst auch nur in bescheidenem Rahmen, aber mit steigender Tendenz waren finanzielle Mittel für die Forschung vorhanden, noch wichtiger war wohl, dass kein Student sich wegen der herrschenden Vollbeschäftigung Sorgen um einen guten Arbeitsplatz nach dem Studium machen musste.

Möllenstedt legte großen Wert darauf, dass die Studenten mit ihren Experimenten schnell Erfolg hatten. Jeden Donnerstag machte er mit seinen Assistenten einen Rundgang durch das Institut, bei dem er die experimentellen Fortschritte intensiv begutachtete und mit den Studenten das weitere Vorgehen und neue Ideen besprach. Er sah es z. B. nicht gerne, wenn seine Studenten ihre Zeit in der Institutsbibliothek statt an ihrem Gerät verbrachten, er meinte dazu: Ihr experimentiert, und ich kontrolliere die Literatur und sage euch Bescheid, wenn dort irgendetwas für eure Arbeit Wichtiges auftaucht. Weitere Aussprüche von ihm, die für meine spätere Arbeit von Bedeutung waren, sind:

*«Es geht nicht» darf ein Experimentalphysiker erst sagen, wenn er sich mindestens ein Jahr lang intensiv mit einem Problem beschäftigt hat,*

als ich in einem Buch des Physikers v. Ardenne las, dass es unmöglich wäre, elektronenoptische Zweispaltinterferenzen mit einem Doppelspalt zu realisieren.

*Ein Experimentalphysiker ist einer, der etwas Neues macht,*

als ich mich zu diesem mehr spektakulären Thema für meine Doktorarbeit entschied, anstatt mich einem Thema aus dem eigentlichen Anliegen der Experimentalphysik zu widmen, dem immer genaueren Messen von physikalischen Größen.

*Man muss immer versuchen, unerwünschte physikalische Effekte (Dreckeffekte) positiv anzuwenden,*

als ich die unerwünschten, an den Auftreffstellen von Elektronenstrahlen entstehenden Polymerisatschichten zur Spaltherstellung nutzte.

*Was man auf dem Leuchtschirm sieht, kann man auch fotografieren,*

als ich mich monatelang darum bemühte, die intensitätsschwachen, wackeligen und gestörten Elektronen-Mehrfachspalt-Interferenzen auf die Fotoplatte zu bannen.

Für alle, die am Institut für Angewandte Physik arbeiteten, war Prof. Möllenstedt der ideale Hochschullehrer und für die, die bei ihm eine Doktorarbeit machten, der ideale Doktorvater, dem auch ich bis zu seinem Tode im Jahr 1997 sehr verbunden war.

Im Sommer 1956 hatte ich den experimentellen Teil meiner Diplomarbeit in Physik «Eine elektrostatische Filterlinse mit magnetischer Korrektur der radialen Verzeichnung» abgeschlossen und machte mich daran, sie schriftlich niederzulegen, mich auf den abschließenden theoretischen Teil der Diplomprüfung vorzubereiten und mir Gedanken über das Thema der nun anstehenden Doktorarbeit zu machen. In dieser Zeit erging eines Tages die Aufforderung an die damals etwa 15 Mitarbeiter des Lehrstuhls, sich vor dem Labor des Assistenten Heiner Düker zu versammeln, es sollte ein aufregendes Experiment vorgeführt werden. Uns wurde mitgeteilt, dass wir elektronenoptische Zweistrahlinterferenzen zu sehen bekommen würden, die Düker in den Jahren davor als Doktorarbeit mit einem von ihm entwickelten «elektronenoptischen Biprisma» jetzt zu Stande gebracht hatte (Möllenstedt G. und H. Düker: Z. Physik 145, 377 [1956]).

Zunächst wurde uns die Wirkungsweise des Biprismas erklärt:

Es besteht aus einem möglichst dünnen (etwa $\frac{1}{1000}$ mm Durchmesser) Faden mit einer elektrisch leitenden Oberfläche, der quer durch einen mit etwa 40 kV beschleunigten Elektronenstrahl gespannt wird, sodass er ihn in zwei Teilbündel aufteilt. Der Elektronenstrahl läuft dabei, wie bei einem Elektronenmikroskop, durch eine metallische Vakuumröhre. Damals bestand der Faden aus einem mit Gold bedampften Spinnengewebsfaden. Herr Düker arbeitete in der folgenden Zeit mit den Biologen der Universität zusammen, um die Spinnenart herauszufinden, die die dünnsten, stabilsten und gleichmäßigsten Fäden lieferte. Später fand man heraus, dass in der Knallgasflamme gezogene und mit Gold bedampfte Quarzfäden leichter herstellbar und noch besser als «Biprismafäden» geeignet waren. Lädt man einen solchen Faden um einige Volt positiv gegen die Röhrenwand auf, so werden die negativen Elektronen der beiden Bündel je nach Fadenspannung mehr oder weniger so zur Mitte (optische Achse) hin umgelenkt, dass sie sich hinter dem Faden überschneiden und in diesem Bereich elektronenoptische Zweistrahlinterferenzen erzeugen können, genau so, wie man es mit Licht und einem lichtoptischen Biprisma kennt. Man konnte sich ausrechnen, dass diese Anordnung tatsächlich analog zum lichtoptischen Biprisma funktioniert: Die rückwärtigen Verlängerungen der Elektronenbahnen der beiden Teilbündel nach der Umlenkung schneiden sich in jeweils einem Punkt, das Biprisma erzeugt aus der ursprünglichen reellen Elektronenquelle zwei kohärente virtuelle Quellen im Abstand d.

Im Überkreuzungsbereich hinter dem Biprisma kommt es zur Ausbildung von beobachtbaren Zweistrahlinterferogrammen, wenn, wie in der Lichtoptik, die erforderlichen Kohärenzbedingungen eingehalten werden. In der Lichtoptik ist das wegen der vergleichsweise großen Wellenlänge des sichtbaren Lichtes von etwa 500 μm meistens automatisch der Fall, besonders wenn man das Licht der weit entfernten Sonne verwendet (zur Erinnerung: 1 m = 1000 mm, 1 mm = 1000 μm, 1 μm = 1000 nm, 1 nm = 1000 pm). In der Elektronenoptik hat man es jedoch mit einer etwa um den Faktor 100 000 kleineren Wellenlänge zu tun ($\lambda$ = 5 pm) und kann die Elektronenquelle wegen des nötigen Vakuumrohres nicht beliebig weit entfernt vom Biprisma anordnen. Zur Erreichung einer hinreichenden Kohärenz ist es deshalb nötig, die ursprüngliche Quelle des Elektronenstrahlerzeugungssystems von 50 μm Durchmesser um den Faktor 1000 zu verkleinern und erst mit diesem Bild der Quelle das Biprisma aus etwa 30 cm Abstand mit Elektronen zu «beleuchten».

Mit den normalen rotationssymmetrischen Linsen der Elektronenmikroskopie würde die 1000fache Verkleinerung der Quelle einen Intensitätsverlust um den Faktor 1 Million im Endbild bedeuten. Düker hat deshalb die nur in einer Richtung wirkenden elektrostatischen Zylinderlinsen verwendet, denn die Einhaltung der Kohärenzbedingung ist bei diesem Experiment nur senkrecht zum Faden, nicht dagegen in Fadenrichtung nötig. Durch solche Linsen wird die ursprünglich rotationssymmetrische Quelle in eine strichförmige Elektronensonde von 50 nm Breite umgewandelt, die den Biprismafaden beleuchtet und genau parallel zu ihm ausgerichtet werden muss. Durch die Verkleinerung der Quelle mit linear wirkenden Zylinderlinsen verliert man nur einen Faktor 1000 an Intensität des Endbildes.

Wegen der geringen Wellenlänge des Elektronenstrahls ist der Interferenzstreifenabstand im Überlagerungsgebiet etwa 30 cm hinter dem Biprismafaden äußerst gering, man muss das

Interferogramm um bis zu 1000fach vergrößern, damit Leucht-schirm, Fotoplatte oder Auge (nach weiterer 10-facher lichtopti-scher Vergrößerung des Leuchtschirmbildes) die Interferenzstrei-fen auflösen können. Für diese Vergrößerung können, um den da-mit verbundenen weiteren Intensitätsverlust im Endbild mög-lichst gering zu halten, ebenfalls Zylinderlinsen verwendet wer-den, denn die Vergrößerung ist wiederum nur senkrecht zum Bi-prismafaden (bzw. zu den Interferenzstreifen) nötig. Wie oben führt auch diese Maßnahme ebenfalls nur zu einem linearen Inten-sitätsverlust um den Faktor 1000 statt zu einem quadratischen von 1 Million bei Verwendung von rotationssymmetrischen Linsen. Der ganze Apparat aus Elektronenquelle, Verkleinerungslinsen (2-stu-fig), Biprisma, Vergrößerungslinsen (2-stufig) und Leuchtschirm bzw. Kamera wurde «Elektronenoptisches Biprismainterferome-ter» genannt.

Nach diesen Belehrungen wurde uns die Tür zu Dükers La-bor geöffnet. Der Raum war total abgedunkelt, und wir mussten uns erst einmal 5 Minuten lang an die Dunkelheit gewöhnen, ehe wir, einer nach dem anderen, durch eine 10fach vergrößernde Lupe auf den Leuchtschirm eines etwa 2 m hohen Geräts sehen konnten und ein sehr dunkles und zittriges Interferogramm von vielen pa-rallelen Streifen zu sehen bekamen.

Dükers elektronenoptisches Biprisma erwies sich schnell als ein elektronenoptischer Bauteil, mit dem man auf einfache Weise relativ lichtstarke Elektronen-Zweistrahlinterferenzen er-zeugen konnte. Gegenüber dem lichtoptischen Biprisma mit sei-nem festen Brechungswinkel hat es darüber hinaus den Vorteil, dass man seinen Brechungswinkel durch Wahl der Biprismafaden-spannung in einem großen Bereich verändern kann. Man konstru-ierte in der Folge mit seiner Hilfe Interferometer zur Messung des elektronenoptischen Brechungsindex der verschiedenen Materia-lien, zur Bestimmung der Phasenschiebung der Elektronenwelle durch das magnetische Potenzial oder sogar um holographische

Abbildungen mit Elektronen zu Stande zu bringen, die heute bis zur atomaren Auflösung vorangetrieben worden sind.

## DAS EXPERIMENT

Bei der Vorführung des Düker'schen Biprismainterferometers war mir eigentlich sofort klar, was das Thema meiner Doktorarbeit sein würde: Die Umsetzung des quantenmechanischen Gedankenexperimentes in die Realität, der Versuch, elektronenoptische Interferenzen an feinen Doppel- und Mehrfachspalten zu erzeugen. Ich wusste, dass das Interferometer durch Dükers Arbeit bereits vorhanden war, man brauchte «nur noch» das Biprisma durch feine Spalte zu ersetzen und würde Interferenzen an Spalten beobachten können. Die entscheidende Aufgabe würde sein, die dazu nötigen feinen freitragenden Spalte herzustellen, was mir machbar und nicht allzu zeitaufwendig erschien. Mir war bewusst, dass ich damit nichts Neues auf dem Gebiet der Quantenmechanik entdecken würde, die Welleneigenschaften von Materiestrahlen waren durch viele Experimente gesichertes Wissen. Das Experiment reizte mich wegen seiner grundsätzlichen Bedeutung an der Nahtstelle zwischen klassischer Physik und Quantenmechanik, wegen seiner Herausforderung auf dem Gebiet der Präparationstechnik und der Chance, bedeutende Physiker, die schon damals behaupteten, dass ein solches Experiment grundsätzlich unmöglich sei, widerlegen zu können. Zu ihnen gehörte vor allem der deutsche Physiker Max v. Ardenne (Tabellen der Elektronenphysik, Ionenphysik und Übermikroskopie, Bd. 1. Berlin: VEB Deutscher Verlag der Wissenschaften 1956) und später, als das Experiment schon längst gemacht worden war, der schon erwähnte Amerikaner Richard Feynman (Vorlesungen und Lehrbücher über Quantenmechanik). Sie waren dem nahe liegenden Irrtum aufgesessen, dass die Spaltdimensionen, ähnlich wie es bei analogen lichtoptischen Experimenten meistens der Fall ist, die Dimensionen der Wellenlänge der verwendeten Strahlung haben müssten, um beobachtbare Interferenzen zu bekommen. Bei der im elektronenoptischen Interferometer vorliegenden Wellenlänge von 5 pm in der Tat ein hoffnungsloses Unterfangen, da schon der Atomabstand im Kristall hundertmal größer ist. In dieser Frage konnte ich viel optimistischer sein, denn das elektronenoptische Biprisma, das mit wesentlich gröberen Strukturen arbeitet, hatte diese Behauptung eigentlich schon widerlegt. Außerdem konnte ich von einer sehr guten Vorlesung über Wellenoptik profitieren, die kurz vorher von dem damaligen Dozenten E. Menzel in Tübingen gehalten worden war. Er hatte darin für sichtbares Licht, damit aber grundsätzlich für alle Arten von Wellen, auseinander gesetzt, dass die Dimensionen der Gegenstände (z. B. Spalte) zur Erzeugung von stehenden (beobachtbaren) Interferenzerscheinungen keinen Einschränkungen unterworfen sind, man muss nur dafür sorgen, dass diese Gegenstände kohärent (Winkelkohärenzbedingung) von der Strahlungsquelle ausgeleuchtet und die dann unter Umständen sehr feinen Interferenzfiguren vergrößert abgebildet werden.

Gegen dieses Thema als Doktorarbeit sprach, dass ein solches Experiment bei den zahlreichen Physikern, die sich mit Elektronenmikroskopie beschäftigten, «in der Luft» lag und mir ein anderer zuvorkommen könnte, denn es musste einfach einmal gemacht werden, um diese experimentelle Lücke zu schließen. Ich war leichtsinnig genug, dieses Risiko einzugehen, der Reiz des Experimentes war größer als diese Gefahr. Von einer höheren Bedeutung eines solchen Experimentes gegenüber vielen anderen Experimenten war ich sicher schon damals überzeugt, aber dass es einmal zum überhaupt schönsten Experiment gewählt werden sollte, lag mit Sicherheit jenseits meiner Vorstellungskraft.

Als Erstes musste ich vor allem Herrn Prof. Möllenstedt als Doktorvater für dieses Experiment gewinnen, denn ich war zu seiner Durchführung sehr auf die Infrastruktur seines Lehrstuhls angewiesen (elektronenoptische Bauteile, mechanische Werkstatt, finanzielle Mittel, Gedankenaustausch mit ihm und den Mitarbeitern, Unterstützung bei Veröffentlichungen u. s. w.). Um nicht mit leeren Händen vor ihn zu treten, und um mir mehr Sicherheit bei der Wahl dieses Themas zu geben, machte ich in den folgenden Monaten bis zur Diplomprüfung im Februar 1957 einige Vorversuche zur Herstellung solcher feinen Spalte. Ich wusste, dass der kohärent ausgeleuchtete Bereich im Biprismainterferometer etwa 20 μm groß war. Die Dimensionen der Spalte mussten deshalb im μm-Bereich liegen. Außerdem durften sie keine Materie enthalten, sie mussten «freitragend» sein. Jede Materie würde zu einer starken Streuung der Elektronen führen, die eine Interferenzerscheinung überdecken und womöglich sogar die Kohärenz der Teilstrahlen zerstören würde. Andererseits mussten die Stege zwischen den Spalten so massiv sein, dass sie die auffallenden Elektronen absorbieren, also möglichst aus einem Schwermetall.

An dieser Stelle müssen mir meine bereits erwähnten, noch nicht allzu weit zurückliegenden jugendlichen Erfahrungen mit galvanischen Experimenten wieder eingefallen sein, denn ich wollte von Anfang an versuchen, galvanische Schichten mit solchen Spalten zu produzieren. Ich hatte damals die Erfahrung gemacht, dass jede Art von Verunreinigung der Unterlage zu Fehlern in der galvanischen Schicht führt, ich wollte deshalb versuchen, die Unterlage vor der Herstellung einer galvanischen Schicht so zu manipulieren, dass in der Schicht Spalte entstehen. Zunächst dachte ich daran, eine dünne, auf Glas aufgedampfte Metallschicht zu ritzen, damit an diesen Stellen kein galvanischer Niederschlag stattfinden würde. Zur Erprobung dieser Idee erbat ich mir von einem Kollegen einige dünn (20 nm) mit Silber bedampfte Diagläser, die er für andere Experimente benötigte und baute mir eine kleine Anlage zur galvanischen Erzeugung von einfachen Kupferschichten auf dieser Silberunterlage. Sie bestand aus einem mit einer Kupfersulfatlösung gefüllten Marmeladenglas und einem

Rührwerk, das von einem Elektromotor aus ehemaligen Wehrmachtsbeständen angetrieben wurde. Die Rezepte für die Herstellung guter galvanischer Schichten entnahm ich einem Buch, das ich in der Bibliothek des Physikalischen Instituts fand (W. Machu: Metallische Überzüge, Akademische Verlagsgesellschaft, Leipzig 1941). Figuren, die ich mit einem Stichel in die Silberschicht ritzte, fand ich tatsächlich nach dem galvanischen Aufwachsen einer 500 nm dicken Kupferschicht als kupferfreie Kurven in der Schicht wieder. Bei diesen ersten Versuchen fand ich bereits eine Methode, die Silber- plus Kupferschicht von der Glasplatte zu lösen, man konnte sie einfach von einer Kante her mit einer Pinzette abziehen, denn die Silberschicht haftete nur wenig an dem Glas.

Um nun parallele Linien mit Breiten von etwa 1 μm in die Silberschicht zu ritzen, suchte ich erfolglos nach einer alten Gitterritzmaschine, die angeblich noch im Institut für Experimentalphysik vorhanden sein sollte (später wurde sie bei einer Entrümpelungsaktion gefunden). Ich habe die Suche allerdings auch schnell wieder abgebrochen, denn durch die Arbeiten eines Kollegen mit Stewardschichten kam ich auf eine Idee, die mir eleganter und Erfolg versprechender erschien, nämlich die Silberschicht mit isolierenden Streifen aus Stewardschichten der gewünschten Dimensionen abzudecken und so zu verhindern, dass an diesen Stellen Kupfer aufwächst. Stewardschichten sind Kohlenwasserstoffpolymerisatschichten, die an Oberflächen entstehen, an denen Elektronenstrahlen auftreffen. In unseren Vakuumanlagen gab es von den Öldiffusionspumpen und gefetteten Dichtungen her immer einen geringen Öldampfpartialdruck, der dazu führt, dass alle Oberflächen im Vakuum mit einer etwa monomolekularen Ölschicht bedeckt waren. Trifft ein energiereicher Elektronenstrahl auf diesen Ölfilm, werden die Ölmoleküle aufgebrochen und lagern sich zu festen, nicht wasserlöslichen großmolekularen Polymerisaten, den Stewardschichten, zusammen. In der Elektronenmikroskopie sind diese Schichten auf den durchstrahlten Präparaten ein Ärgernis, setzen sie doch den Kontrast der Abbildung mit wachsender Dicke immer mehr herab.

Ich bemühte mich deshalb darum, mittels einer feinen strichförmigen Elektronensonde solche Polymerisatstreifen auf die Silberschicht zu drucken und zu untersuchen, ob sie noch hinreichend isolierend waren (noch nicht bis zum Kohlenstoff abgebaut waren), um an diesen Stellen einen galvanischen Kupferniederschlag zu verhindern. Auch rückte die Frage näher, wie man Folien mit Spalten von der Glasunterlage trennen und Polymerisat und Silberschicht aus den Spalten entfernen kann.

Doch zunächst stand die Diplomprüfung vor der Tür, anschließend konnte ich mich dann bei Herrn Prof. Möllenstedt um die von mir beabsichtigte Doktorarbeit bewerben. Es stellte sich heraus, dass er bereits ein Thema für mich ins Auge gefasst hatte. Ich sollte im Elektronen-Biprismainterferometer erreichen, dass die beiden kohärenten Teilbündel, die hinter dem Biprismafaden entstehen, weiter voneinander getrennt werden als die etwa 1 µm, die bisher durch den Durchmesser des Fadens zu Stande kamen. Seine erste Überlegung zu diesem Thema war ein Gerät mit 6 Biprismafäden. Mir schien das eine sehr komplizierte Einrichtung zu sein, hatte ich doch inzwischen erlebt, wie schwierig es war, die Zylinderlinsen und den einen Faden des bisherigen Interferometers richtig zueinander zu justieren. Ich war deshalb froh, meinen Vorschlag, elektronenoptische Zweispaltinterferogramme realisieren zu wollen, unterbreiten zu können. Zu meiner Erleichterung stimmte Herr Möllenstedt diesem Plan sofort zu, was ihm auch deshalb leicht fiel, weil kurz nach mir ein weiterer Mitarbeiter, Herr W. Bayh, sein Diplom ablegte und er ihm das Problem der weiten Auftrennung der kohärenten Teilbündel im Biprismainterferometer als Thema für seine Doktorarbeit vorschlagen konnte.

Mit der Sicherstellung des Themas «Elektronenoptische Vielstrahlinterferenzen an mehreren künstlich hergestellten Feinspalten» für meine Doktorarbeit stand mir nun die Infrastruktur des Instituts zur Verfügung, und ich konnte die wichtigste Aufgabe der Dissertation, die Herstellung der feinen Spalte, in Angriff nehmen. Die Vorarbeiten hatten bereits ergeben, wie ein «Druckstand», ein elektronenoptisches Gerät zur Herstellung feiner Polymerisatstreifen auf der mit Silber bedampften Glasplatte, aussehen musste. Zu seiner Realisierung konnte ich mich auf das schon bei den SDL in Mosbach benutzte und nach Tübingen übernommene elektronenoptische Baukastensystem stützen, das erlaubte, die verschiedensten evakuierbaren elektronenoptischen Geräte aus einzelnen Komponenten wie Strahlerzeugungssystemen, Zwischenrohren, Linsen, Blenden, Schleusen, Ablenksystemen, Strom- und Spannungsdurchführungen, Leuchtschirmen, Kameras und neuerdings auch Biprismen wie bei einer optischen Bank der Lichtoptik zusammenzubauen. Der Druckstand (Abbildung 1) bestand aus einer Basiseinheit, einem tischartigen Gestell mit einer Vakuum-Pumpanlage (es wurden Rotations- und Öldiffusionspumpen verwendet) und dem Endteil der elektronenoptischen Säule mit der Kamera, auf der das eigentliche elektronenoptische Gerät aufgebaut wurde: dem Strahlerzeugungssystem mit Beleuchtungsblende, es beschleunigte den Elektronenstrahl mit 40 kV, einer ersten rotationssymmetrischen Verkleinerungslinse, Belichtungsklappe mit einem Leuchtschirm zur Strahljustierung, einem Spalt zur Begrenzung der Länge der gedruckten Streifen, einem Ablenksystem zum Drucken mehrerer Streifen nebeneinander und der entscheidenden elektrostatischen Zylinderlinse, die die Quelle von 50 µm Durchmesser zu einer etwa 1 µm breiten strichförmigen Elektronensonde umformte und auf die mit Silber bedampfte Glasplatte in der Kamera fokussierte. Mit Zwischenrohren wurden die einzelnen Bauteile auf die nötigen Abstände gebracht. Eine später vorgenommene Verbesserung erlaubte, die Platten von außen zu verschieben, um in einem Arbeitsgang mehrere Streifensysteme auf die versilberte Glasplatte drucken zu können.

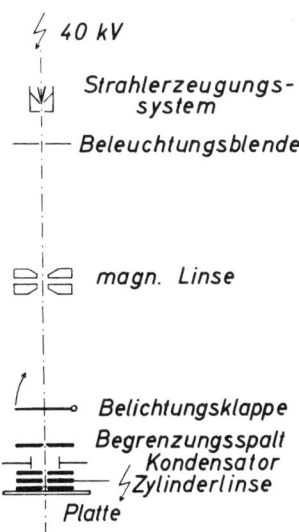

Abbildung 1 / Schema des elektronenoptischen Geräts zum Drucken von Polymerisatstreifen.

Zunächst wurden Fokussierungsreihen zur Ermittlung der Bedingungen für eine scharfe Abbildung der Elektronensonde auf die Glasplatte vorgenommen. Es gelang schließlich, etwa 1,2 μm Breite Polymerisatstreifen im Abstand von etwa 1,5 μm zu drucken. Da die durch Adhäsionskräfte an die Glasoberfläche gebundenen Ölmoleküle sehr beweglich sind, kommt es beim Drucken eines Streifens zu einer Abnahme der Ölkonzentration in seiner Umgebung. Beim Drucken mehrerer Spalte eng nebeneinander musste die Belichtungszeit deshalb von Spalt zu Spalt erhöht werden, um jeweils gleiche Polymerisatmengen niederzuschlagen. Die Belichtungszeiten mussten experimentell ermittelt werden, sie lagen bei einigen Minuten pro Streifen, die dabei eine Dicke von etwa 2 nm erreichten.

Bei der anschließenden Herstellung der galvanischen Kupferfolie ging ich wie bei den vorbereitenden Untersuchungen vor und konnte zunächst einmal zu meiner großen Freude feststellen, dass die Polymerisatschichten tatsächlich elektrisch isolierten (die Ölmoleküle noch nicht bis zum Kohlenstoff abgebaut waren), an Stellen der Streifen also keine Kupferschicht aufwuchs. Allerdings wuchs die Schicht im Laufe der Elektrolyse von den Seiten her über die Streifen hinweg, man musste deshalb einen Kompromiss zwischen Streifenbreite und endgültiger Foliendicke schließen. Dieser Effekt erlaubte es aber auch, engere Spalte herzustellen, als die Polymerisatstreifenbreite vorgab, es wurden Spaltbreiten von 0,3 μm erreicht, man stieß damit in einen Präparationsbereich vor, der später mit «Nanotechnologie» bezeichnet werden sollte. Abbildung 2 zeigt die lichtoptische Aufnahme einer Kupferfolie mit 3 Spalten, bevor sie von der Glasunterlage abgelöst wurde. Man sieht, dass die Korngröße der Kupferschicht etwa 1 μm beträgt, in derselben Größenordnung sind dann auch die Rauigkeiten an den Spaltkanten, was die kleinste erreichbare Spaltbreite beschränkt. Um eine feinkörnige Schicht zu bekommen, muss mit möglichst hohen Stromdichten galvanisiert werden (die Schicht muss schnell aufwachsen). Ich habe aus diesem Grunde auch mit elektrolytischen Niederschlägen anderer Metalle und zyankalischen Kupferbädern experimentiert, deren Niederschläge waren aber für meine Zwecke auch nicht geeigneter als die aus dem einfachen sauren Kupferbad.

├──────┤ 5μm

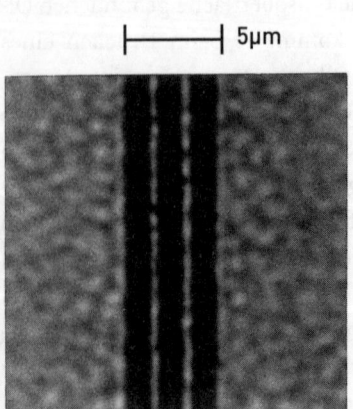

Abbildung 2 / Lichtoptische Aufnahme einer Kupferfolie mit 3 Spalten vor der Ablösung von der Glasunterlage

Das Ablösen der ersten Kupferfolie mit Spalten durch einfaches Abziehen der Folie in Spaltrichtung mit einer Pinzette war sehr aufregend, denn es musste sich zeigen, ob die Spalte dieser mechanischen Belastung gewachsen waren oder dabei zerstört wurden. Was jetzt geschah, sehe ich immer noch als ein kleines Wunder an, denn es zeigte sich, dass mir die Natur nun sehr entgegenkam. Nicht nur die Spalte überstanden diese Prozedur ohne Schaden, sie waren sogar völlig frei von allem Material, Silber- und Polymerisatschicht blieben an den Spaltstellen auf der Glasplatte zurück. Sie waren beim Aufdrucken der Polymerisatstreifen durch den Elektronenstrahl, der auch die Ölmoleküle zwischen Glas und Silberschicht polymerisierte, an die Glasfläche «angenagelt» worden (Abbildung 3). Mit diesem unerwarteten Effekt fiel mir ein großer

Abbildung 3 / Lichtoptische Aufnahme von 5 Polymerisat- und Silberstreifen, wie sie nach dem Abziehen der Kupferfolie auf der Glasplatte zurückbleiben

Abbildung 4 / Herstellungsablauf von Kupferfolien mit Spalten

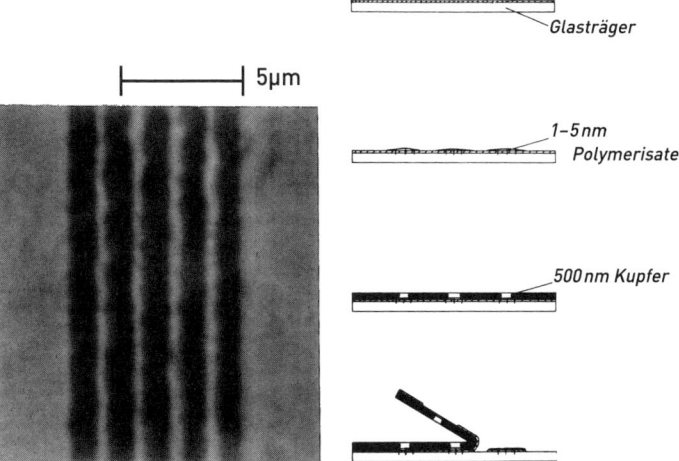

5µm

20 nm Silber

Glasträger

1–5 nm Polymerisate

500 nm Kupfer

Stein vom Herzen, denn an das Problem, wie man diese Schichten aus den Spalten entfernen sollte, hatte ich noch gar nicht zu denken gewagt, ich wusste nur, dass ein Herauslösen schwierig sein würde, da diese Polymerisate chemisch sehr widerstandsfähig sind. Der vollständige Herstellungsprozess von Feinspalten nach dieser Methode ist in Abbildung 4 schematisch zusammengefasst.

Ich war nun meinem Ziel ein entscheidendes Stück näher gerückt und konnte mich mit der Erzeugung von Elektronen-Doppelspalt-interferenzen beschäftigen. Bis der Aufbau eines Elektroneninter-ferometers nach Dükers Vorbild vollendet war, entwickelte ich eine Methode zur Präparation der Folie so auf eine kleine Kupferscheibe von 5 mm Durchmesser mit einem Loch von 1 mm Durchmesser in der Mitte, dass die Spalte über das Loch zu liegen kommen. In dieser Form konnten die Spalte durch eine normale Objektschleuse in den Elektronenstrahl des Interferometers geschoben werden. Abbildung 5 zeigt die elektronenmikroskopische Aufnahme einer so präparierten Folie mit zwei Spalten. Es stellte sich schnell heraus, dass die Spalte nur 2–3 Wochen lang brauchbar blieben, dann führten Umlagerungen der Atome in der Kupferfolie zu inneren Spannungen, die schließlich zum Verbiegen der Spaltkanten und Zerreißen der Stege zwischen den Spalten führten. Bei den Interfe-

⊢――――⊣ 5μm

Abbildung 5 / Elektronenmikroskopische Aufnahme einer Kupferfolie mit 2 materiefreien freitragenden Spalten

renzversuchen musste deshalb immer mit frischen Spalten gearbeitet werden.

Der Aufbau des Interferometers erfolgte schnell, denn ich konnte Dükers Interferometer beinahe vollständig übernehmen, weil er bereits ein neues mit größerem Rohrdurchmesser zur höheren Stabilität des Geräts baute. Bereits Ende 1957 konnte ich deshalb mit meinen Interferenzexperimenten beginnen. Man konnte sich aus der Wellenlänge der mit 40 kV beschleunigten Elektronen von $\lambda$ = 5 pm, dem Spaltabstand d = 2 μm und dem Abstand der Beobachtungsebene von den Spalten l = 30 cm einen zu erwartenden Interferenzstreifenabstand von 750 nm ausrechnen. Es wurde 100fach elektronenoptisch auf den Endleuchtschirm bzw. die Fotoplatte vergrößert und das Leuchtschirmbild mit einer 10fach vergrößernden Einblickoptik angesehen. Die in der Einblickoptik erwarteten Interferenzstreifen mussten damit einen Abstand von 0,75 mm haben. Trotz ständiger Verbesserungen des Gerätes, die vor allem die Erhöhung der mechanischen Stabilität und die Abschirmung der magnetischen Störfelder betrafen, sah ich über ein Jahr lang nur einen dicken Strich, das Hauptmaximum der Beugung am Einzelspalt, auf dem Leuchtschirm. Von den erwarteten etwa 7 Streifen innerhalb dieses Striches war nichts zu sehen. In diese Zeit fiel vom 10.–17. September 1958 ein großer internationaler Kongress über Elektronenmikroskopie in Berlin, auf dem ich leider über meine Forschung noch nichts zu berichten hatte.

Bis dahin hatte ich in Rottenburg gewohnt, zwölf Kilometer von Tübingen entfernt. Ende 1958 konnte ich endlich in ein Studentenzimmer nach Tübingen umziehen und nun auch nachts bei wesentlich geringeren äußeren Störungen arbeiten, da ich nicht mehr auf den letzten Zug nach Rottenburg angewiesen war. Bei Nachtarbeit musste immer ein zweiter, ebenfalls an seinem Thema arbeitender Kollege anwesend sein, damit man bei Unfällen, vor allem beim Umgang mit hohen elektrischen Spannungen, nicht allein war. Es war Anfang 1959, als ich bei solcher Nachtarbeit zum ersten Mal für kurze Zeit ein Streifensystem sah. Ich rief den mitforschenden schwäbischen Kollegen, Herrn W. Dietrich, zu mir und ließ ihn ebenfalls auf den Leuchtschirm starren. Es ist mir unvergessen, wie er schon bald darauf ausrief: «do send se jo, de Stroife!», er ist also der zweite, der Elektroneninterferenzen am Doppelspalt gesehen hat (Abbildung 6).

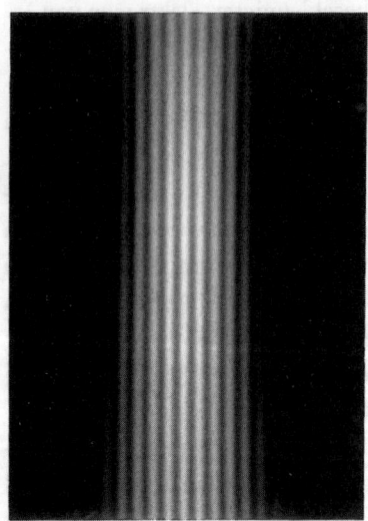

Abbildung 6 / Elektronen-optische Zweispaltinter-ferenzen

Jetzt galt es, die Störeinflüsse weiter zu bändigen, bis die Streifensysteme mit Fotoplatten bei 5 – 10 s Belichtungszeit aufgenommen werden konnten. Dazu musste die magnetische Abschirmung weiter verbessert werden, das Gerät und der Stuhl des Beobachters wurden auf Gummimatten gestellt, um Erschütterungen von Gebäude und Straße möglichst abzufangen. Vor dieser Maßnahme hatte ich z. B. beobachtet, dass das Streifensystem mit dem Herzschlag des Beobachters erheblich zuckte. Während der Belichtung musste man ganz ruhig sitzen, die Belichtungsklappe äußerst vorsichtig bewegen und möglichst nicht atmen. Trotzdem waren die Aufnahmen Glückssache, man konnte nicht voraussehen, ob es während der Aufnahme zu einer erheblichen Störung kam, z. B. zu einem Hochspannungsüberschlag in den Linsen. Es wurden Fotoplatten der englischen Firma Ilford verwendet, die ein besonders hohes Auflösungsvermögen für schnelle Elektronen hatten. Ich habe etwa 300 dieser Platten für meine Arbeit verbraucht, obgleich ich auch hier durch Verschieben der Platten in der Kamera bis zu 5 Interferenzaufnahmen auf eine Platte belichten konnte.

Mit zunehmender Erfahrung stieg die zunächst sehr geringe Ausbeute von einigermaßen gelungenen Aufnahmen, sodass ich auf dringendes Anraten von Möllenstedt hin an eine Vorveröffentlichung über «Elektronenmehrfachinterferenzen an regelmäßig hergestellten Feinspalten» denken konnte. Sie ging am 14. April 1959 bei der «Zeitschrift für Physik» ein und erschien im Band 155, S. 427–474 (1959), als Autoren waren G. Möllenstedt und C. Jönsson angegeben. Ich hatte für diese Veröffentlichung ein zu dem Zeitpunkt besonders gut gelungenes Interferogramm von 3 Spalten ausgesucht, wie es in einer sehr weit entfernten Beobachtungsebene (Fraunhofer-Ebene) entsteht.

Mit dieser Veröffentlichung war das Thema meiner Doktorarbeit international gesichert, und ich konnte in Ruhe weiter daran arbeiten. Schon auf der nationalen Tagung der Deutschen Elektronenmikroskopischen Gesellschaft im September 1959 in Freiburg konnte ich über inzwischen mehrere Interferogramme mit 1, 2 und 3 Spalten berichten. Hier erfuhr ich auch, dass ich Konkurrenz hatte. Die Tübinger Elektronenoptiker lagen mit einer Arbeitsgruppe um Prof. Boersch in Berlin im edlen Wettstreit, auch bei ihnen wurde an diesem Thema gearbeitet, aber diesmal hatte Tübingen die Nase vorn.

Seit dem Beginn der Arbeit waren etwa zwei Jahre vergangen, und ich hatte sie eigentlich mit dem Erzielen von Elektroneninterferenzen an Spalten abgeschlossen. Eine Doktorarbeit musste aber länger dauern, und so holte ich weiter aus. Unsere Werkstatt hatte inzwischen so viele Baukasten-Teile im «neuen Maß» herge-stellt, dass auch ich mein Interferometer auf die wesentlich stabi-lere Ausführung mit größerem Durchmesser der Vakuumröhre umstellen konnte (Abbildung 7). Weiter baute ich eine zusätzliche Linse (Fraunhofer-Linse) ein, mit der ich das Interferogramm nicht nur in eine im Vergleich zur Wellenlänge weit entfernten Ebene (Fraunhofer-Interferenzen), sondern auch in jede andere Be-obachtungsebene hinter den Spalten auf die Fotoplatte abbilden konnte (Fresnel-Interferenzen), denn nur bei Zweispaltinterferen-zen erhält man die bekannte $\cos^2$-Verteilung der Intensität in jeder Ebene. Bei 3 und mehr Spalten treten kompliziertere Interfero-gramme auf, die sich in den verschiedenen Beobachtungsebenen voneinander unterscheiden. Es lag nahe, die Spaltzahl in der Folie weiter zu erhöhen und so kleine Beugungsgitter für Elektronen zu erproben. Die Schwierigkeit dabei war, dass die Spalte wegen der unkalkulierbaren Belichtungszeiten beim Drucken mit zuneh-mender Anzahl unregelmäßiger wurden. 5 Spalte konnten noch hergestellt werden, 10 Spalte waren unbefriedigend, man stieß mit ihnen auch an die Grenze des kohärent ausgeleuchteten Bereichs des Interferometers.

Ich möchte erwähnen, dass mir der zweijährige Aufschub bis zur Promotion auch aus privaten Gründen sehr recht war, da ich im Sommer 1958 geheiratet hatte. Der erste Sohn wurde im Juni 1959 geboren, also ziemlich zeitgleich mit der Vorveröffentlichung über elektronenoptische Mehrfachspalt-Interferenzen. Weitere Kinder stießen 1962, 1964 und 1970 zur Familie. Finanziell hielt ich mich bis 1957 durch Zuwendungen meiner Eltern über Wasser, ab 1957 bis 1959 durch Annahme einer Stelle als «Wissenschaftliche Hilfs-kraft» und ab 1960 durch eine Stelle als «Verwalter einer Assisten-tenstelle», die das Lehrergehalt meiner Frau aufbesserte. Mit der Promotion 1961 ging die Verwalterstelle in eine echte Assistenten-

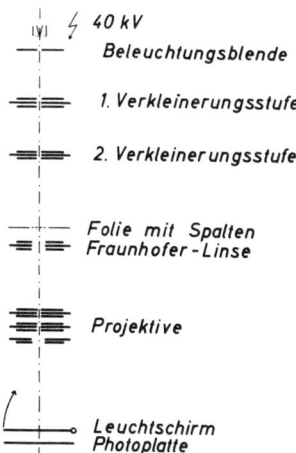

40 kV
Beleuchtungsblende

1. Verkleinerungsstufe

2. Verkleinerungsstufe

Folie mit Spalten
Fraunhofer - Linse

Projektive

Leuchtschirm
Photoplatte

Abbildung 7 | Schema des Interferometers zur Erzeugung von elektronenoptischen Mehrfachspalt-Interferenzen

stelle über, die mit dem Wachsen des Instituts von einer beamteten Stelle als «Akademischer Rat» abgelöst wurde. In dieser Eigenschaft hatte ich mich neben meinen wissenschaftlichen Arbeiten vor allem um den Neubau der Naturwissenschaftlichen Institute in Tübingen zu kümmern, ich war bis zum Einzug in die neuen Gebäude 1973 der Verbindungsmann zwischen dem Institut und dem Universitätsbauamt. 1971 habilitierte ich mich, wurde zunächst «Wissenschaftlicher Rat» und «apl. Professor» und bald danach 1974 «C3-Professor», 1995 wurde ich pensioniert.

Nach meiner Promotion 1961 wendete ich mich anderen physikalischen Gebieten zu: Experimente mit Biprismainterferenzen, Tieftemperaturphysik und Festkörperphysik. Das zur Herstellung der Feinspalte entwickelte Verfahren setzte ich 1963 zusammen mit v. Grote noch zur Herstellung von feinen Zonenlinsen (Froschaugen) für die Abbildung mit Röntgenstrahlen ein: Eine feine, von einer amerikanischen Firma (Buckbee-Mears-Comp.) mikromechanisch hergestellte Zonenplatte wurde elektronenmikroskopisch 100fach verkleinert und dieses Bild nach meinem Verfahren wieder materialisiert. Man hat von Raketen aus mit diesen Zonenlinsen erste Aufnahmen der Sonne in ihrem Röntgenlicht gemacht. Viel später konnten mit einem in den USA von IBM entwickelten Ionenätzverfahren wesentlich gleichmäßigere und haltbarere Spalte und Gitter mit noch geringeren Dimensionen hergestellt werden. Mindestens in der ersten Zeit kostete so ein Spaltsystem aber 30 000 $, ein Preis, den sich das Institut selbst für einen wirklich schönen Doppelspalt nicht hätte leisten können.

Meine Doktorarbeit wurde wieder in der «Zeitschrift für Physik» des Springer-Verlags veröffentlicht (Band 161, S. 454–474 [1961], eingegangen am 17. 10. 1960).

Damals kam man als Elektronenmikroskopiker noch nicht auf die Idee, in ausländischen, vor allem amerikanischen Zeitschriften veröffentlichen zu wollen. Das Verfahren war viel zu aufwendig und langwierig, deutsche Zeitschriften-Verlage reagierten wesentlich schneller. Zudem mussten Dissertationen in Deutschland auf Deutsch abgefasst werden und im speziellen Fall unserer Arbeitsgruppe: Die Experten auf elektronenoptischem Gebiet, an die wir uns mit unseren Arbeiten wendeten, befanden sich als Folge davon, dass die Elektronenmikroskopie vor allem eine deutsche Entwicklung war, damals noch fast alle in Deutschland. Der Nachteil war, dass auf Deutsch veröffentlichte Arbeiten nach dem 2. Weltkrieg international kaum bekannt wurden. Deshalb habe ich zusammen mit einem in Amerika lebenden deutschen Physiker 1974 meine Dissertation auf Englisch in der amerikanischen Zeitschrift «American Journal of Physics» (Band 42,1 Januar 1974) noch einmal veröffentlicht.

In den frühen sechziger Jahren, kurz nach der endgültigen Veröffentlichung, haben sich zunächst vor allem viele amerikanische Verlage um ein Bild mit elektronenoptischen Doppelspaltinterferenzen bemüht, um es in den von ihnen herausgegebenen Textbooks für das Physikstudium zu verwenden. In Deutschland wurde es von Schulbuchverlagen nachgefragt, ich konnte erleben, dass einer meiner Neffen bei seiner Reifeprüfung mit einer diesbezüglichen Aufgabe konfrontiert wurde. Mit dem Aufkommen des Internets hat ein fleißiger Programmierer die Elektronen-Doppelspaltinterferenzen in das Netz aufgenommen. Nach meiner Pensionierung konnte ich noch bis ins Jahr 2000 mein Arbeitszimmer im Institut behalten, ich hatte noch Prüfungen abzunehmen und unvollendete Doktorarbeiten, die ich vergeben hatte, zu Ende zu führen. Als ich mein Arbeitszimmer räumen musste, habe ich alle Notizen und Fotoplatten über meine Doktorarbeit vernichtet bis auf eine Aufnahme, von der ich die von den Verlagen angeforderten Kopien von elektronenoptischen Zweispaltinterferenzen zu machen pflege. Mit der Wahl des schönsten Experiments habe ich diese Aufnahme als einziges Relikt aus dieser Zeit dem Archiv der Universität Tübingen zur Verfügung gestellt.

## DIE ABSTIMMUNG

Als ich am 23. September 2002 mittags noch halb betäubt von einer Zahnbehandlung nach Hause kam, sagte mir meine Frau, mein Kollege Fäßler hätte angerufen, er hätte mir etwas Wichtiges, nur persönlich Mitzuteilendes, zu sagen. Und was ich dann etwas später bei einem erneuten Anruf erfuhr, machte mich in der Tat zunächst einmal etwas ratlos: «Herr Jönsson, ich gratuliere Ihnen, Ihre Doktorarbeit ist zum weltweit schönsten physikalischen Experiment aller Zeiten gewählt worden.» Herr Fäßler hatte in der Zeitschrift der Englischen Physikalischen Gesellschaft «Physics World» gelesen, dass der englisch-amerikanische Physiker Robert Crease im Maiheft seine Leser zu einer Abstimmung über das schönste physikalische Experiment aufgefordert hatte. Der Hintergrund dabei war, dass es schon Abstimmungen über das schönste biologische und schönste chemische Experiment gegeben hatte und Herr Crease vorhatte, über die 10 schönsten physikalischen Experimente ein Buch zu schreiben (Robert P. Crease: The Prism and the Pendulum – The ten most beautiful experiments in science. Random House, Inc., New York. ISBN 1-4000-6131-8). Das Ergebnis der Abstimmung war im Septemberheft veröffentlicht worden, und meine mittlerweile bald 45 Jahre alte Doktorarbeit befand sich mit Abstand an der Spitze der Nennungen. Herr Fäßler teilte mir weiter mit, dass er bereits das Presseamt der Universität mit einer offiziellen Pressemitteilung der Fakultät für Physik über dieses Ereignis informiert hätte und ich damit rechnen müsste, demnächst von einem Lokalreporter des «Schwäbischen Tagblatts» um ein Interview gebeten zu werden. Als ich mich von dieser aufregenden Nachricht wieder etwas erholt hatte, erinnerte ich mich, dass ich in dem Poststapel, der sich während unserer Sommerferien angesammelt hatte und den ich bis dahin nur flüchtig durchgesehen hatte, auch auf die Zeitschrift «Physics World» gestoßen war. Ich hatte sie für ein Werbeexemplar des Verlags gehalten anstatt für eine freundliche Geste zu meiner Orientierung und sie noch nicht angesehen. Nun erfuhr ich daraus Erstaunliches. Von den etwa 200 Physikern, die sich zunächst an der Abstimmung beteiligt hatten, war $\frac{1}{10}$ der Meinung, dass das alte Gedankenexperiment der Quantenmechanik das schönste physikalische Experiment sein würde, wenn es schon gemacht worden wäre oder in Zukunft gemacht würde. Keiner der Abstimmenden hatte gewusst, dass dieses Experiment schon vor langer Zeit durchgeführt worden war. Das spricht einerseits für die Unvoreingenommenheit der Abstimmenden, andererseits aber auch dafür, wie ineffektiv das Veröffentlichungswesen letztendlich ist. Erst nachdem sich dieses Experiment als das schönste erwiesen hatte, forschte man näher nach und stieß schnell auf meine alte Doktorarbeit.

Man fand allerdings auch Mängel in meiner Arbeit, z. B. dass ich nicht weiter auf die didaktische Bedeutung dieses Experiments eingegangen war. Ich hätte, wie später Tonomura in Japan mit dem Biprisma, Belichtungsreihen mit steigender Belichtungszeit durchführen sollen, an denen dann zu sehen wäre, wie sich aus den zunächst statistisch verteilt aussehenden Einschlagsstellen der Elektronen auf der Fotoplatte mit steigender Belichtung das Streifensystem immer deutlicher abzeichnet. Damit hätte man den Begriff «Aufenthaltswahrscheinlichkeit» verständlich machen können: Die Elektronenwelle ist zwar für jedes Elektron raumgreifend vorhanden und erzeugt das volle Interferogramm, das Elektron als Teilchen kann aber nur zufallsbestimmt an den Stellen landen, an denen hohe Intensität der Wellenüberlagerung herrscht. Obgleich ich auch viele stark unterbelichtete Aufnahmen gemacht hatte, die aus einem Pünktchenwirrwarr heraus kaum Streifen erkennen ließen, bin ich nicht auf die Idee gekommen, solche Belichtungsreihen zusammenzustellen. Erst später, als die Lehrbuchverlage um Aufnahmen meiner Doppelspalt-Interferogramme nachsuchten, wurde mir die didaktische Bedeutung dieses Experimentes richtig klar.

Ein anderer Einwand war, dass ich nicht das klassische Gedankenexperiment, bei dem immer nur ein Elektron gleichzeitig unterwegs zwischen Quelle, Spalten und Beobachtungsebene angenommen wurde, gemacht hätte, sondern bei mir viele Elektronen gleichzeitig unterwegs wären, die sich durch gegenseitige Beeinflussung auch ohne die Annahme von Welleneigenschaften zu Streifensystemen in der Beobachtungsebene hätten zu Streifen zusammenlagern können.

Dieser Einwand lässt sich aber leicht widerlegen. Auch bei meinen Experimenten war höchst selten mehr als ein Elektron, als Teilchen gesehen, gleichzeitig zwischen Elektronenquelle und Beobachtungsebene unterwegs, wie eine einfache Abschätzung zeigt: Nimmt man an, dass jedes auf die Fotoplatte in der Beobachtungsebene fallende Elektron nach der Entwicklung einen Bereich von 50 µm Durchmesser schwärzt und die Interferenzmaxima sich auf der Platte über 10 mm² erstrecken, so benötigt man für eine ausreichende Belichtung etwa 4000 Elektronen. Bei den Experimenten wurde eine Beschleunigungsspannung von 40 kV verwendet, die Elektronen sind dann (mit relativistischer Korrektur) etwa $10^{+8}$ m/s schnell, das ist $\frac{1}{3}$ der Vakuumlichtgeschwindigkeit. Die Strecke von der Quelle bis zur Beobachtungsebene beträgt 0,5 m, sie wird von einem Elektron in $5 \cdot 10^{-9}$ s durchlaufen. Die Belichtungszeit für eine Interferenzaufnahme betrug mindestens 5 s, in dieser Zeit könnten also $10^{+9}$ Elektronen, d. h. eine Milliarde Elektronen die Fotoplatte erreichen, ohne dass mehr als ein Elektron gleichzeitig unterwegs wäre. Benötigt werden aber nur 4000 Elektronen. Selbst wenn man mit einem Faktor 10 berücksichtigt, dass Elektronen auf schon belichtete Plattenkörner treffen, im kohärent ausgeleuchteten Bereich zwischen Quelle und Spaltebene zehnmal mehr Elektronen als zwischen Spaltebene und Fotoplatte unterwegs sind und im gesamten Strahlenbündel vielleicht noch einmal das Zehnfache, so ergibt sich immer noch, dass bei meinen Experimenten die meiste Zeit kein Elektron unterwegs war, die durchschnittliche Pause zwischen der Emission von zwei Elektronen aus der Quelle etwa 250-mal größer als die Elektronenflugzeit war. Die Wahrscheinlichkeit, dass zwei Elektronen gleichzeitig zwischen Quelle und Beobachtungsebene unterwegs waren ist bei meinem Experiment deshalb äußerst gering gewesen, die Bedingungen des klassischen quantenmechanischen Gedankenexperimentes waren voll erfüllt.

In Vorlesungen über Experimentalphysik habe ich zur Erläuterung des Begriffs «Physikalische Größe» erklärt, dass «Schönheit» keine physikalische Größe ist, denn sie ist zahlenmäßig nicht zu erfassen. Dennoch macht man nun auch in der Experimentalphysik Schönheitswettbewerbe, weil man meint, aus einem inneren Gefühl heraus beurteilen zu können, was Schönheit bei physikalischen Experimenten ausmacht. Bei der Ausschreibung zur Wahl des schönsten Experimentes hat man einige diffuse Voraussetzungen darüber, was ein Experiment schön macht und was dazu nicht nötig ist, angegeben. Ich habe mich gefragt, ob mein

Experiment unter diesen Aspekten mit Recht zum schönsten gewählt worden ist und bin eigentlich zu der Antwort gekommen, dass dieses Experiment eigentlich ideal den Schönheitsanforderungen entspricht und in dieser Beziehung auch in Zukunft so leicht nicht überboten werden kann:

Es ist an einer Stelle der Wissenschaftsgeschichte angesiedelt, in der es zu einem großen Umbruch in der physikalischen und philosophischen Weltanschauung gekommen ist und stellt die neue Situation auf die didaktisch einfachste und einsichtigste Weise dar. Der Beobachter erlebt einen Aha-Effekt, er erkennt die Richtigkeit der Quantenmechanik aus direkter Beobachtung. Dabei ist eine neue Erkenntnis mit dem Experiment nicht verbunden, sein Ergebnis war durch andere, aber indirektere Experimente bereits bekannt. Die Schönheit eines Experimentes wurde aber ausdrücklich nicht von seinem Erkenntniswert abhängig gemacht. Dagegen hängt sie sehr vom finanziellen Aufwand für das Experiment ab, es muss möglichst mit bereits vorhandenen Apparaturen ohne großen zusätzlichen Aufwand durchgeführt worden sein. Hier kann ich nur sagen, der Apparat war da, übertrieben ausgedrückt, habe ich zusätzlich nur ein altes Marmeladenglas zum Ansetzen der Kupfersulfatlösung benötigt. Ein schönes Experiment sollte nur so genau sein, dass es das Wesentliche offenbart, jede weiter gehende Genauigkeit ist für seine Schönheit abträglich. Mein Experiment war genau genug, die erwarteten Interferenzen zu zeigen, für speziellere Messungen war es schon wegen der unregelmäßigen Spalte zu ungenau.

Weitere Gedanken großer Philosophen und Naturwissenschaftler zur Schönheit von Experimenten hat Herr Crease in seinem Buch zusammengefasst.

Durch die Auswertung weiterer Abstimmergebnisse hat sich die Basis der Abstimmung inzwischen sehr verbreitert und über die Physik hinausgegriffen, indem sich auch Chemiker und Biologen an ihr beteiligten, ohne am Gesamtergebnis Wesentliches zu ändern. Crease spricht seitdem nicht mehr von den schönsten Experimenten in der Physik, sondern in der gesamten Naturwissenschaft (science).

Meine Gefühle zu dieser Abstimmung hat vielleicht ein Gratulant aus den USA am besten wiedergegeben: «Es ist doch großartig, wenn man an seinem Lebensabend noch zu einer so großen Ehrung kommt.»

Es freut mich sehr, dass ich das schönste Experiment nach Tübingen und zum dortigen Institut für Angewandte Physik holen konnte. Ich bin dankbar, dass diese Abstimmung noch zu meinen Lebzeiten stattgefunden hat, und bedauere gleichzeitig, dass sie nicht schon viel früher gemacht wurde, als meine Eltern und vor allem mein Doktorvater Prof. G. Möllenstedt noch lebten. Besonders er hätte sich mit mir sehr darüber gefreut, was da aus seinem Institut für Angewandte Physik der Universität Tübingen hervorgegangen ist.

## Die Autoren der Beiträge

Heinz Dehnen: Geboren 1935 in Essen. Studium der Physik, Mathematik und Chemie an der Universität Freiburg, Promotion 1961 bei Helmut Hönl mit einem Thema aus der allgemeinen Relativitätstheorie. Ab 1970 bis zur Emeritierung 2003 Ordinarius für theoretische Physik an der Universität Konstanz. Hauptarbeitsgebiete: Gravitationsphysik, Theorie der Elementarteilchen und ihrer Wechselwirkungen, Kosmologie und relativistische Astrophysik. Längere Auslandsaufenthalte in Warschau, Krakau, Mexico (City), Puebla.

Amand Fäßler ist 1938 in Gengenbach/Baden geboren. Er studierte an den Universitäten Freiburg und München. Promovierte 1963 in Freiburg auf dem Gebiet der theoretischen Kernphysik. 1965–66 war er Professor an der University of California in Los Angeles, 1967 übernahm er einen Lehrstuhl in Münster. Von 1971 bis 1979 leitete er das Institut für Kernphysik (Theorie) des Forschungszentrums Jülich und war gleichzeitig Professor an der Universität Bonn. Seit 1979 ist er Professor an der Universität Tübingen und leitet dort zurzeit das Institut für Theoretische Physik.

Gerd Graßhoff, geboren 1957 in Moers, studierte Physik, Mathematik, Philosophie und Geschichte der Naturwissenschaften an den Universitäten Bochum, Hamburg, Oxford. Seit 1999 ist er ordentlicher Professor für Wissenschaftstheorie und -geschichte an der Universität Bern. Seine Arbeitsgebiete sind Heuristiken wissenschaftlicher Entdeckungen, Theorien der Kausalität, Naturphilosophie des 19. und 20. Jahrhunderts, Wissenschaftsgeschichte der Antike, Computermodellierung wissenschaftlicher Entdeckungsprozesse, Publikations- und Kommunikationsprozesse gegenwärtiger Wissenschaft.

Ralf Hofmann, geboren 1971 in Dresden. Studium der Mathematik und Physik in Heidelberg. Promotion in theoretischer Hochenergiephysik an der Universität Tübingen 1999, Habilitation 2004. Forschungs- und Studienaufenthalte in Nordamerika und Südafrika. Privatdozent an der Universität Heidelberg, Forschungsstipendiat an der Universität Frankfurt. Autor oder Koautor von 21 Publikationen auf dem Gebiet der theoretischen Hochenergiephysik, Eichfeldtheorie und Kosmologie.

Claus Jönsson, geboren 1930 in Berlin-Charlottenburg. Physikstudium an den Universitäten in Hamburg und Tübingen. Alle experimentellen Arbeiten wurden an dem von Prof. Dr. G. Möllenstedt geleiteten Institut für Angewandte Physik der Universität Tübingen unternommen. Promotion und Habilitation in Physik 1961 und 1971. Wissenschaftlicher Assistent 1961, Akademischer Rat 1966, Wissenschaftlicher Rat 1972, Professor 1973, Pensionierung 1995.

Dieter Meschede wurde 1954 in Lathen/Ems geboren. Nach dem Abitur in Hannover hat er in Hannover, Köln, Boulder und München Physik studiert. In seiner Dissertation hat er sich 1984 mit elementaren Quantenwechselwirkungen von einzelnen Atomen und Photonen beschäftigt. Der wissenschaftliche Fortschritt hat ihn veranlasst, mikroskopische Teilchen und Prozesse 20 Jahre später weniger zu beobachten, als vielmehr als «Quanten-Ingenieur» aktiv zu manipulieren. Seit 1994 Professor für Experimentalphysik an der Universität Bonn.

Friedemann Rex, Jahrgang 1931 (Pforzheim), Dipl.-Chem. (Karlsruhe), Dr. phil. nat. (Frankfurt/M.), Professor für Geschichte der Naturwissenschaften (Tübingen), bemüht sich seit nunmehr gut vierzig Jahren, an Schlüsseltexten aus verschiedenen Disziplinen, Epochen und Kulturen den Werdegang von Wissenschaft in wesentlichen Details exemplarisch nachvollziehbar zu machen.

Wolfgang Peter Schleich, geboren 1957. Studium der Physik und Mathematik sowie Diplom, Promotion und Habilitation an der Universität München. Mehrjährige Auslandsaufenthalte in Albuquerque (New Mexico) und Austin (Texas); wissenschaftlicher Mitarbeiter am Max-Planck-Institut für Quantenoptik. Seit 1991 ordentlicher Professor für theoretische Physik an der Universität Ulm. Über 200 Publikationen zu Themen der Quantenoptik und Allgemeinen Relativitätstheorie.

Günter Staudt, geboren 1931 in Bernburg/Saale. Studium der Physik und Mathematik, Dipl.-Physiker und Dr. rer. nat. Ab 1975 Professur an der Universität Tübingen mit den Arbeitsgebieten experimentelle Kernphysik und nukleare Astrophysik. Autor eines Lehrbuchs der Experimentalphysik (Verlag Wiley-VCH). Seit 1966 im Ruhestand.